幸せになる勇気

幸福的勇气

"自我启发之父"阿德勒的哲学课2

[日] 岸见一郎 古贺史健 ◎著

渠海霞 ◎译

机械工业出版社
CHINA MACHINE PRESS

《幸福的勇气》是"勇气两部曲"的下卷、完结篇。同样以百年前著名心理学者阿德勒的思想为核心,以"青年与哲人的对话"故事形式展现。《被讨厌的勇气》探究"该怎么做,人才能获得自由?"而《幸福的勇气》探究"该怎么做,人才能获得幸福?"

在青年与哲人对话的三年之后,青年已经成为了一名小学老师,生活和工作实践中的挫败让他对阿德勒的思想感到绝望。"猛药"级的哲学对谈,将再度开始……

SHIAWASE NI NARU YUKI
by ICHIRO KISHIMI; FUMITAKE KOGA
Copyright © 2016 ICHIRO KISHIMI; FUMITAKE KOGA
Simplified Chinese translation copyright © 2017 China Machine Press
All rights reserved.
Original Japanese language edition published by Diamond, Inc.
Simplified Chinese translation rights arranged with Diamond, Inc.
through Shanghai To-Asia Culture Communication Co., Ltd.

此版本仅限在中国大陆地区(不包括香港、澳门特别行政区及台湾地区)销售。未经出版者书面许可,不得以任何方式抄袭、复制或节录本书中的任何部分。

北京市版权局著作权合同登记　图字:01-2017-1356号。

图书在版编目(CIP)数据

幸福的勇气:"自我启发之父"阿德勒的哲学课2/(日)岸见一郎,(日)古贺史健著;渠海霞译. —北京:机械工业出版社,2017.4(2025.9重印)
ISBN 978-7-111-56452-2

Ⅰ.①幸… Ⅱ.①岸… ②古… ③渠… Ⅲ.①人生哲学—通俗读物 Ⅳ.①B821-49
中国版本图书馆CIP数据核字(2017)第064143号

机械工业出版社(北京市百万庄大街22号　邮政编码　100037)
策划编辑:廖　岩　　责任编辑:廖　岩
责任校对:李　伟　　责任印制:单爱军
保定市中画美凯印刷有限公司印刷
2025年9月第1版第43次印刷
170mm×242mm・13.5印张・1插页・161千字
标准书号:ISBN 978-7-111-56452-2
定价:55.00元

电话服务　　　　　　　　网络服务
客服电话:010-88361066　　机　工　官　网:www.cmpbook.com
　　　　　010-88379833　　机　工　官　博:weibo.com/cmp1952
　　　　　010-68326294　　金　书　网:www.golden-book.com
封底无防伪标均为盗版　　机工教育服务网:www.cmpedu.com

推荐序一
没有足够勇气,你就无法幸福

在很多人印象里,幸福是一件慵懒的事,就好像学佛是一件随性的事一样。然而恰恰相反,古人说,学佛乃大丈夫事!没有足够的毅力和勇气,磕头、烧香、持咒、念佛都只是邪道,不得见如来。现代人学佛常常有买保险的心态。已经衣食无忧了,也买了足够的商业、意外、人寿、财产各种险,但还是隐隐约约觉得不安稳。因为总有一个无常悬在头顶,所以再找个信仰吧!可能那些缭绕的香烟能够带来安慰剂的效应。真正的修行,首先是放下对于恒常的追求,坦然接受无常的发生。这种勇气,没有足够的智慧和福德,是难以拥有的。

幸福也是一样。如果你所理解的幸福就是什么不开心的事都尽量不发生,平安喜乐地过一辈子,那么多半你是要失望了。就像这本书中的青年一样,了解了一点阿德勒的理论,就希望药到病除,魔术一般地改变周围的环境。那跟烧香拜佛、回头还愿实在是没有什么区别!我们无法"学会哲学",我们只能"从事哲学"。哲学是一条没有尽头的道路,有勇气的人才能百尺竿头更进一步。

阿德勒所发现的哲学路径显然是影响巨大的。我最近阅读的多本书都不约而同地指向阿德勒的理论。张五常教授写过一篇文章叫作《学术中的老人与海》,一个学者的价值不在于写了多少书和文章,而是你的理论被引用的次数和时间。阿德勒距离我们也有将近100年了,在这100年里很多理论和技术都过时了,但人性没变,人们对于自卑与超越的矛盾没变。因此在今天读阿德勒的理论依然觉得切中要害。

这本书的作者是阿德勒的痴迷者，这一辈子就研究这一个人，这种事我是做不来的。所以他对于阿德勒的理解又比我们这些门外汉更接近真相。

在哲人与青年的对话过程中，通过青年之口，把一切世人常见的贪嗔痴慢疑惧都呈现了出来。这种写法是很容易引起读者共鸣的，因为能够毫无保留地接受一个理论也是需要勇气的。大部分的人爱质疑。当你获得了这一切问题的答案，却发现原因是你需要面对自己童年时受过的伤、用爱而不是恨来对待这个给过你伤害的世界，这种感受是令人震惊的。不是理论没用，而是你自己的病还没治好。

相对于爱，人们更愿意选择恨。因为恨比爱容易，操作简单而且责任不在我，甚至让我更有力量！但恨的结果就是相互对抗，两败俱伤。你内心的伤痛永远得不到疗愈的机会，一遇到风吹草动就会沉渣泛起、雷霆万钧。

要选择爱，首先要过伤害这一关。明明遭遇过伤害，却要报之以琼瑶。这里需要的不仅仅是勇气，而是知识和智慧。理解了，才能接受。很多情侣宁愿吵架也不愿意剖析内心的伤痛，因为愤怒比心碎好过得多。如果你相信真正的幸福不是假装没事的云淡风轻，如果你想要追求明白通达的幸福感，你第一个要具备的就是直面自己内心伤痛的勇气。而这，才是阿德勒哲学之路的第一步。

所以，没有足够的勇气，请不要跟我说你渴望幸福。

樊登
2017 年 3 月 24 日

推荐序二
"自立"尽头的爱

禅师和青年的故事有两个版本。理想的版本是青年遇到禅师,受了点拨,顿悟了,从此过上了幸福生活。现实版本则是青年受了点拨,觉得自己顿悟了,可回去没多久,发现"知道了很多道理,却依然过不好这一生"。青年或失望或愤怒,再也不相信鸡汤了。如果这时候青年再遇禅师,他会说些什么呢?而禅师又会对他说些什么呢?

作为《被讨厌的勇气》的续集,这本书就是从自觉受骗的青年再遇到研习阿德勒的哲人开始的。和几年前相比,这个青年可不再单纯了。他从图书管理员变成了一位教师,有了很多自己的实践经验(大部分是失败经验),对人生又多了些自己的理解和判断。他对阿德勒哲学的态度,也经历了从盲目崇拜到满腹狐疑的转变。现在,他来到了哲人的书房。以思想为利剑,代表常识的青年和代表阿德勒哲学的哲人,开始了最后的决斗。

他说了些什么,是否在理,作为读者的您自然会在书中找到答案。青年"质疑"的行为本身,却颇有几分道理。任何一种学说,都要走出书斋,去接受现实的考验和质疑。当初阿德勒的哲学在两个领域应用深广:心理咨询和教育。现在,哲人需要在实践中证明阿德勒哲学的生命力。

与上本书一样,在辩论的刀光剑影下,读者还会有很多观念被刷新的快感。阿德勒思想违背常理,但细思又很有几分道理。那为什么大家都没想到,或者即使想到了,也不愿去践行阿德勒的思想呢?因为这些思想并不让人舒服,相反,它让人有些恐惧。所以哲人才会把阿德勒的思想形容为人生的"一剂猛药"。

比如，你是否能接受：

无论你经历了怎么样的过去，遭受了怎么样的迫害和不幸，你都不该以"受害者"自居。在"可怜的自己"和"可恶的他人"之外，最重要的是要想"怎么办"……

如果你和老板意见不合了，你要遵循"课题分离"的原则。你以你的方式工作，那是你的事，而老板要骂你开除你，那是老板的事……

对孩子，既不应该批评，更不应该表扬，而应该把他当作一个平等独立的个体去尊重。不应该鼓励孩子的竞争，也不应该树立家长和老师的权威……

如果你决定信赖一个人，就要无条件地信赖，不计后果，不怕伤害。否则你就不是真的信赖他……

在爱情中不存在所谓对的人或错的人，如果你决定爱他，那就是对的人。所谓的命中注定，不过是你的决定和行动……

我爱他，跟他无关……

是不是怎么看都不觉得这哲人像是结了婚的人？这样的人就该注定孤独一生才对嘛！

阿德勒说自己的理论，也是以教育为目的，归根到底是教人"自立"。如果你能看清阿德勒式"自立"的含义，你就会明白"自立"这简单两字所包含的艰难和沉重。一个人要有多大的勇气，才能放弃对他人和环境的控制期待，以换取自己的自主权和控制感！他要有多坚韧的赤子之心，才能在跟人交往时，不计过去，不畏将来，不求认可和回报！

更何况，即使他有了这样的勇气，也未必能过上他想要的生活——这跟车子房子没半点关系，每天该挤公交还挤公交，该挤地铁还挤地铁。他也不会因为信奉了这种哲学就高朋满座受人尊重——相反，他倒是很有可能会成为大家眼里的怪人。而且哲人还说，"自立"的最终目的，

推荐序二　"自立"尽头的爱

就在于消除自我，承认我们只是普通人，不从社会序列和他人的认同中去寻求自我价值，而只从自己的所作所为中去寻找自我价值。

如果说这就是阿德勒式的"幸福"，这样的"幸福"，你还想要吗？

怪不得书里的年轻人觉得，这位宣扬阿德勒思想的哲人就是古希腊用"歪理邪说"蛊惑年轻人的苏格拉底，活该被处死啊。

可是通过这种自立，我们又得到了什么呢？因为我们能够选择自己对待生活的态度，我们也在这种选择中获得了一种全然的自由。

一个信奉阿德勒哲学的人，是人群中的隐者。"自立"的背后，是无边的孤独。想想一个自立的人，是一个在心理上真正断乳的人。当他遇到麻烦时，不再对亲人、朋友、同事怀有"理所当然"的期待。当然他可以求助，这是他自己的课题。但是亲人朋友是否伸出援手，这是他们自己的课题，与他无关。或者他也可以期待，但这种期待是否被满足，也是他自己的事，与他人无关。从自立那天起，他就失去了抱怨的资格。当然他也不再需要对他人的情绪负有什么"理所当然"的责任，因为这也是他们自己的课题。去掉了人们习以为常的以控制和期待来相互联系的方式，在一个个彼此独立的课题面前，他怎么能不孤独呢？

看着阿德勒的哲学，我经常想，一个自立的人，应该是很孤独的。他不处在表面热闹的人际关系中。哪怕在爱里，他仍然孤独。但这种孤独，也许正是人生的某种真相吧。

可是另一方面，正是去掉了这些不纯粹的联系，才能剩下了阿德勒一直在强调的"爱"：作为独立个体，彼此发自内心的尊重、关心和兴趣，作为社会共同体的相互支撑，全情投入的信赖、不求回报的奉献。而这种爱，才是阿德勒式"幸福"的含义。

动机在杭州

浙江大学心理学博士，心理咨询师，幸福课公众号作者

推荐序三
我遇见了所有的悲伤，但我依然愿意前往

我认为，阿德勒思想的智慧是非常伟大的。

他内容的核心是要为自己负责，并打破一切幻觉和不合理的信念，然后寻找到属于自己的心灵力量，从而选择不一样的人生。

从过去获得物质上的满足到现代社会获得心灵感受的满足，这是社会的进步。

老话说，"饱暖思淫欲"。

物质获得极大的满足之后，每一个人都开始了对自己心灵的探索、对优质生活和幸福感的追求。

怎样获得幸福感？

我们都在寻找幸福。有些人特别渴望别人给他幸福。

但不管怎样，幸福似乎无法描述。

阿德勒想表达的概念是：获得幸福真的需要勇气。

这不是说幸福到来的时候，我们无法去承受；只是说，获得幸福的体验需要我们改变自己。

幸福是有公式的。

2002年的诺贝尔经济学奖获得者，即著名的心理学家丹尼尔·卡尼曼，他从心理学的角度提出了幸福四要素，非常有趣。

第一个幸福要素是，我们总体的幸福感。

意思是对自己总体的生活状态基本满意，如没病没灾，有自己喜欢的东西，找到了一段自己较为满意的亲密关系。

这对大多数人来说，是较为完满的生活状态。

第二个幸福要素是，性格必须是快乐的。

性格有跨情境和跨时间的一致性和稳定性。

如果一个人性格多变，或性格中呈现严重的双面性，便要从自己的性格着手，改变自己。

因此，性格的一致性和稳定性跟幸福感有关。

幸福的人一般有快乐的性格，他们喜欢社会，喜欢他人，对未来充满着向往和期待。

第三个幸福要素是，积极的情绪。

人生在世，我们总喜欢追求快乐，排斥负面情绪。

但生活中总避免不了负面情绪的到来。我们会发现，有些人即使在负面情绪下，还是有很多积极的情绪产生，能感到幸福，同时内心还有感恩、同情、敬畏等感受。

为什么幸福的人会这样？

其实，这一切都建立在我们跟世界是怎样的关系上。

有时，我们会觉得世界好像是危险的。当我们感到世界是危险的时，往往我们对待世界的态度也是抗拒的、敌对的、敏感的、想逃脱的。在这过程中，我们很难体会到跟这个世界的良性互动。

所以，情绪影响着我们的幸福。

第四个幸福要素是，愉悦的感觉。

当我们喜欢某件事情时，就去实现，自然而然会产生愉悦的感觉。

例如，当我们吃着自己喜爱的食物时，在沙滩上漫步时，见到了旅途中各种优美的风景时，闻到了沁人心脾的花香时，都能体会到愉悦的感觉。

但不管是哪种因素，幸福一定是诸多元素积累在一起的。

有些人总觉得自己是一个不幸的人，面对不幸，我们总会寻找各式各样的理由阻碍成长。这时，我们的关注点都放在了这上面，对身边所发生的一切视而不见，包括能产生幸福感的事件。

人类对于未知的事情，总是充满好奇和恐惧。

如果我们能对世界或人际关系做出一个非常好的解释，也许就能拨开云雾见月明。尊重自己及世界的规律，这种规律也可以反过来保护我们。

面对真相，我们会害怕。

为了避免害怕，我们产生了很多的迷思和幻想。

阿德勒的伟大在于，他是一个能让我们看到人生真相的人。

这本书，通过描述一位青年和一位老师的对话，慢慢地，抽丝剥茧，让读者一步步接近了解自己的真相。

生老病死，本是自然规律。

但有时，我们会想掌控世界。事实上，这是很不合理的认知偏差，可能也是我们对了解自我真相的抗拒。

我的一位来访者杨女士跟我讨论了，她经常挑剔丈夫给她买礼物的事。每次，丈夫给她买礼物，她都会挑剔，要么是价格太高，要么是质量不好。这导致她跟丈夫的关系非常紧张，也为此闹过不少矛盾。

有一天，她忽然意识到，挑剔是因为自己觉得配不上丈夫买的好礼物。顿时，她泪流满面。

表面上，她对跟自己的关系是非常看重的。实际上，她觉得自己不值得被别人很好地对待。于是，她用了一些方式，无意识地伤害了自己，伤害了他人，也伤害了关系。

所以，当她意识到自己做了一些事情，抗拒了本来可以获得的美好感受时，她十分悲伤。

这种悲伤，也促使她跟原先的模式告别。

细细地看这本书，你会有这样的心路历程：刚开始确认自己所有的东西，然后怀疑，渐渐地接近真相，最后忍不住悲伤。

当然，在悲伤的那一刻，改变也正在发生。

我经常会跟自己和身边的人讲，生命就是一个淡淡的悲伤的过程。

因为我们要不断地跟过去告别，跟亲人告别，跟很多东西告别。但不管怎样，即使我预见到了前路有许多悲伤，依然愿意前行。这是一种勇气，也是我们开始追寻幸福的勇气。

关系心理学家　著名心理咨询师
胡慎之

推荐序四
勇者不惧，不惧者幸福

手上捧着《幸福的勇气》译本样稿，思绪回到了两年前初读《被讨厌的勇气》并为之作序的时光。如今再次进入哲人的房间，聆听青年和哲人的长谈，感觉还是那么熟悉，那么如师在侧、如友在邻。

如后记所引岸见先生所言："假如苏格拉底或柏拉图生活在当今时代，也许他们会选择精神科医生之路，而不是哲学。"这句话可能会冒犯到学院里的职业哲学教授们，他们习惯于、专精于具体的哲学问题和哲学论证，而会对诸如"人为什么活着？""什么是幸福？"之类的问题不屑一顾。殊不知苏格拉底就是把眼光从宇宙拉回到人世，才开创了西方哲学的传统的。今天的哲学文本几乎没有柏拉图对话录那样的表述形式，而惯于大部头的著作或结构严格的论文，这使得哲学离个人的生活越来越远，无法为人们的痛苦提供理解和出路。

而这部著作如同其前篇一样延续了对话体的写作方式。在读书的时候，我常常有种就坐在哲人和青年的对面的感觉，甚至好多次都想要"插嘴"。这可能是由于我自上一次写序以来读了几部阿德勒的著作，所以内心中已经与其有了不少"内隐"的对话了吧。这次阅读其实有很多次我都发现自己蛮认同发问的青年，而且发现比起上一部，这次青年有更多的勇气质疑哲人的观点，可见《被讨厌的勇气》一书的确是能增加我们"被讨厌的勇气"，使得作为读者的我也增添了几分质疑的勇气。

坊间有很多有关"幸福"的书籍。诚然几乎没有人不想过幸福的生活，尽管对幸福的定义各自不同。阿德勒的半个前辈和曾经的好友弗洛伊德怀疑纯粹幸福的存在，在他看来幸福不过是痛苦的减少，而减少的方法不过是："如果我们能把神经症性的痛苦转化为寻常的不愉快，收获就相当可观了。"阿德勒在这一点上似乎有相当乐观的立场，如书中所引"幸福即贡献感"，而贡献的出发点是"共同体感觉"（Gemeinschaftsgefühl）！别忘了阿德勒所开创的学派名为"个体心理学"。（这里容笔者提醒一下，第一次世界大战刺激了弗洛伊德提出了"死亡本能"的概念，而启发阿德勒提出的却是"共同体感觉"。）个体的幸福出发点居然在于共同体，这不由得让深受浓厚儒家文化影响的我们感到几分亲近。而书中的哲人进一步引申到："为了获得幸福生活，就应该让自我消失。"这几乎快要成了禅宗了！然而正如哲人反复提醒青年的是，阿德勒的心理学并非是一种宗教，我们也并不需要把阿德勒的见地视为信条。我想，这也许是阿德勒和岸见一郎先生都希望我们拥有的勇气吧！

本人长期受训于弗洛伊德所开创的传统，后来也受到荣格的部分影响。弗洛伊德走向人的内心，而荣格走得更深，从个人无意识走向了集体无意识。这固然对理解人性很有帮助，但如果只持"越深越好"的视角，难免会使我们产生一种外界社会几乎不存在的"负性幻觉"，而阿德勒的心理学实在是一帖针对"内向病"的良药。其实在弗洛伊德的后继者当中，多人都受到了阿德勒的间接影响，如书中多次引用到的弗洛姆。而存在主义疗法的创始人之一罗洛梅曾经直接受教于阿德勒。如此说来做心理咨询与治疗的同道，最好是能处于弗洛伊德—荣格—阿德勒等边三角形的中心才不至于偏颇。

推荐序四　勇者不惧，不惧者幸福

然而本书并不是一本临床心理手册，相反，本书非常适合于一般读者阅读，尤其是教师和为人父母者。阿德勒有关教育的真知灼见，想必各位读后自有体会。

张沛超

哲学博士

资深心理咨询师

香港精神分析学会副主席

2017 年 3 月 28 日

译者序

在现实生活中我们都渴望有一片心灵净土,好让现代生活中疲惫的灵魂得到片刻的宁静。然而,繁杂的人际关系常常令人们苦不堪言。特别是现代发达的信息技术,使得人们之间的信息透明度越来越高,这更是大大增加了人们内心的焦躁。人与人之间貌似随时随地处于"朋友圈"的联系之中,但心与心之间的距离却越拉越远。如此,便产生了许许多多忙碌而又孤独的现代人。

那么,在现代社会,特别是现代都市社会中,我们怎样才能获得心灵的祥和与宁静呢?这部继《被讨厌的勇气》之后出版的"勇气两部曲"完结篇将告诉你如何在学会说"不"之后敞开心扉、关爱他人、拥抱世界、融入团体,继而获得真正的幸福。

与弗洛伊德、荣格并称"心理学三大巨头"的阿尔弗雷德·阿德勒作为个体心理学的创始人和人本主义心理学的先驱,有"现代自我心理学之父"之称。其基本思想已经在"勇气两部曲"第一部《被讨厌的勇气》中进行了较为详尽的介绍。本书主要针对阿德勒思想在现实生活中的实践进行详细阐释。它告诉我们如何在现实生活中不断完善自我,用自己的手一步步获得幸福。

本书沿用上一部作品《被讨厌的勇气》的写作体系,依然采用青年与哲人间"对话"的形式。通过在现实生活中实践了阿德勒思想但倍感困惑的青年再次访问哲人之后的转变与收获,告诉我们阿德勒心理学和阿德勒思想可以令这个世界更加美好、让人们的生活更加幸福。但它需

译 者 序

要我们鼓足勇气、正视自我、直面世界、毫不气馁地坚持实践下去，并具体给出了详细可行的建议，即"**主动去爱、自立起来、选择人生**"。

正如阿德勒极其关注教育一样，本书作者也重点论述了教育问题。首先介绍问题儿童的"**问题行为五阶段**"："称赞的要求"阶段、"引起关注"阶段、"权力争斗"阶段、"复仇"阶段、"证明无能"阶段。然后详细分析了各问题阶段儿童的具体心理动机。最后作者还一一给出了相关对策，并指出教育的最终目的是帮助孩子自立。作为父母或教育者要想很好地帮助孩子自立，必须懂得尊重，而且首先自己必须成为一个真正自立、充满勇气的人。

本书还对爱情与婚姻问题提出了独到而宝贵的建议。那就是：要想在爱情和婚姻中获得幸福，必须摆脱自我中心式的生活方式，把人生的主语由"我"变为"我们"。并且，通过既不是对"你"也不是对"我"，而是对"我们"的贡献感，完成自立、获得勇气、走向幸福。最后，作者还由爱身边的人到爱全人类这个话题入手，详细阐释了"**共同体感觉**"。也就是，正如个体会不断成长进步一样，整个人类也应该在"共同体感觉"的引导下不断进步和完善。

如果说上一部作品《被讨厌的勇气》告诉我们如何通过"课题分离"获得"做自己"的勇气，那么这部《幸福的勇气》就是告诉我们如何在"共同体感觉"的引导之下获得作为人的真正幸福。那么，让我们再次随"青年"和"哲人"慢慢走入阿德勒思想，走进自己真正的内心，逐渐获得追求幸福的勇气和决心！

聊城大学外国语学院

渠海霞

2017 年 1 月 22 日

引 言

自那之后的再次登门本该是更加愉快而友好的访问。那天临别之际，青年也确实有这样的话脱口而出："今后我一定还会再来拜访！是的，作为一名无可替代的朋友！绝不会再提什么驳倒之类的事情！"但是，时光流转，三年之后的今天，他怀着截然不同的目的再次来到这个男人的书房。

哲人：那么，开始咱们今天的谈话吧？

青年：好的。首先，我为什么再次来到这个书房呢？遗憾的是我并非是来与先生悠然自得地叙旧。先生您很忙，我也不是无事可做的闲人。所以，再次造访自然是因为事情紧急。

哲人：那是自然。

青年：我也思考过了。极其充分地苦苦思考过。苦思冥想之后我下定了重大决心，今天就是专程来告诉您这件事。我知道您很忙，但请务必给我这一个晚上的时间。因为，这恐怕将会成为我最后的拜访。

哲人：是怎么回事呢？

青年：……该结束了吧？一直令我苦恼不已的课题。那就是"是否抛弃阿德勒思想"。

哲人：哦。

青年：我的结论就是——阿德勒思想是一场骗局。彻头彻尾的大骗局！不，不得不说它是一种影响恶劣的危险思想。先生自己信奉这种思想是您的自由，但是，如果可以的话希望您保持沉默。怀着这种想法，同时也为了当着您的面彻底抛弃阿德勒思想，我下定决心进行今晚这次最后的访问。

哲人：你产生这种想法一定有什么缘由吧？

青年：我这就给您从头道来。您还记得三年前咱们分别的最后一天的事情吧？

哲人：当然记得。那是一个白雪皑皑的冬日。

青年：是的。那是一个皓月当空的美妙夜晚。受到阿德勒思想感化的我自那天起便踏出了重大的一步。也就是，辞去之前大学图书馆的工作，在我的初中母校谋得一份教师的职业。我决意践行基于阿德勒思想的教育，尽己所能为孩子们带来阳光和温暖。

哲人：这不是一个很了不起的决定吗？

青年：是的。当时的我满怀理想。如此可以改变世界的伟大思想决不能一人独享，必须传播给更多的人。那么，传播给谁呢？……结论只有一个。适合了解阿德勒思想的人并不是复杂的成人。只有传播给将要创造下一个时代的孩子们，这种思想才会向前发展。这就是我被赋予的使命……就这样，我的心中激情澎湃，不能自已。

哲人：果然不错。但你一直用"过去时"来叙述这件事啊？

青年：正是如此，这已经完全是过去的事情了。不，请不要误解。我并不是对学生们失望，也不是对教育本身失望灰心。我只是对阿德勒思想失望，也就是对您失望。

哲人：为什么呢？

青年：哈！这其中的原因您也可以摸着胸口问问自己啊！阿德勒思想只不过是纸上谈兵，在现实社会中根本发挥不了任何作用！特别是其提倡的**"不可以表扬也不可以批评"**的教育方针。事先声明一下，我可是严格按照阿德勒的主张去做，既没有表扬也没有批评。考试得了满分不表扬，卫生打扫得好也不表扬。忘了做作业不批评，课堂上捣乱也不批评。您认为结果会怎样呢？

哲人：……教室里应该会一片混乱吧？

青年：正是。唉，现在想来，那也是很自然的事情。都是我的错，不应该被恶俗的骗局所蒙蔽。

哲人：那么，你接下来又是怎么做的呢？

青年：自不必说，我选择了严厉批评那些表现不好的学生。当然，先生您肯定会轻轻松松地断定我这是个愚蠢的对策。但是，我并不是那种一味醉心于哲学、沉溺于空想的人。我是一名时刻生活在现实中必须对自己的职业以及学生们的生命和人生负责的教育工作者。并且，眼前的"现实"在一刻不停地发展变化着！情况实在是刻不容缓！

哲人：效果如何？

青年：当然，事情发展到这般地步，即使批评也无济于事了。因为学生们已经认定我是一个软弱可欺的人……老实说，我有时甚至羡慕以前允许体罚时代的老师们。

哲人：你有些不平静啊。

青年：为了避免误会，我还要补充一句，我这并不是冲动之下的"发怒"。这种"发怒"仅仅是基于理性的教育最终手段。可以说是在开一种名为"斥责"的抗生素。

哲人：所以，你就想要抛弃阿德勒思想？

青年：哎呀，这只不过是简单易懂的一个例子。阿德勒思想的确很棒。它大大颠覆传统价值观，让我们感觉人生似乎豁然开朗，看上去简直是无可非议的世界真理……但是，它只有在这个"书房"里才能行得通！一旦走出这扇房门进入现实世界，阿德勒思想就显得过于天真。它只是一种空洞的理想论，毫无实用性。您也仅仅是在这个书房里虚构了

引 言

一个自以为是的世界，整日沉溺于空想之中。您根本不了解外面那个乱象丛生的真实世界！

哲人：的确有些道理……然后呢？

青年：既不表扬也不批评的教育，借着自主性的名义对学生们放任自流的教育，这些只不过是在放弃教育者的职责！我今后要以完全不同于阿德勒思想的方式来面对孩子们。这种方式是否"正确"都无所谓。但是，我必须这么做。既要表扬也要批评。当然，必要的时候也必须得给予严厉的惩罚。

哲人：我确认一下，你不打算辞去教育工作吧？

青年：那是当然。我绝对不可能放弃教育事业。因为这是我自己选择的道路，对我来说它不是职业而是"生活方式"。

哲人：听你这么说我就放心了。

青年：难道您还认为这没什么吗？！假如要继续从事教育事业，我今天就必须在这里抛弃阿德勒思想！否则就等于是放弃教育者的责任，对学生弃而不顾……看呀，这就是一个非常急迫的问题。您要如何解答呢？！

人们误解了阿德勒思想

哲人：首先，我要更正一点。刚才你用到了"真理"一词。但是，我并没有把阿德勒思想说成是绝对不变的真理。这就好比是在**配眼镜**。很多人通过镜片可以开阔视野。另一方面，也有些人戴上眼镜之后视线更加模糊了。我并不想把阿德勒思想这副"镜片"强加给这些人。

青年：等等，您这是在回避问题吧？！

哲人：不是。我这么来回答你。**阿德勒心理学是一种最容易被误解也是最难理解的思想**。那些声称"了解阿德勒"的人大半都误解了他的教导。他们既没有拿出真正去理解的勇气，也不想正视阿德勒思想背后更广阔的风景。

青年：人们误解了阿德勒？

哲人：是的。**假如有人一接触阿德勒思想便立即感激地说"活得更加轻松了"，那么这个人一定是大大误解了阿德勒**。因为，如果真正理解了阿德勒对我们提出的要求，那就一定会震惊于他的严厉。

青年：您是说我也误解了阿德勒？

哲人：就你目前所说过的话来看，是这样。当然，也并不是只有你这样。很多阿德勒信徒（阿德勒心理学的实践者）都是从误解开始慢慢踏上理解的阶梯。你肯定是还没有找到应该继续攀登的阶梯。年轻时候的我也并不是轻而易举地就找到了方向。

青年：噢，先生是说您也有过一段迷茫的时期？

哲人：是的，有过。

青年：那么，我向您请教一下。通往理解的阶梯在哪里呢？所谓阶梯究竟是什么？先生又是在哪里寻找到的呢？

哲人：我很幸运。了解阿德勒的时候，我正作为"主夫"在家里照看幼小的孩子。

青年：怎么回事呢？

哲人：通过照看孩子学习阿德勒，与孩子一起实践阿德勒思想，并在这个过程中不断加深理解得以确证。

青年：所以，我想知道您学到了什么又得到了什么样的确证！

哲人：**一言以蔽之，那就是"爱"。**

青年：您说什么？

哲人：……没必要再重复了吧？

青年：哈哈哈，这真是笑话！您是说"爱"？要了解真正的阿德勒思想就必须了解爱？

哲人：之所以认为这话可笑是因为你还没有了解爱。阿德勒所说的爱是一个最严肃也最能考验人们勇气的课题。

青年：哎？！总归就是说教式的"邻人爱"吧？我根本不想听这个！

哲人：这恰恰说明你现在对教育已经无计可施，对阿德勒思想充满了不信任感。不仅如此，你甚至想大声地喊出"放弃阿德勒思想，你也不要再说了"。你为什么如此气愤呢？原本你一定感觉阿德勒思想是魔法一样的东西，挥一挥魔杖，所有的愿望瞬间实现。

假如是这样的话，那你真该早些放弃阿德勒思想。**你应该抛弃之前对阿德勒的误解，去了解真正的阿德勒。**

青年：不是的！第一，我原本也没有期待阿德勒会是什么魔法。第二，您以前应该也这么说过，也就是**"任何人都随时可以获得幸福"**。

哲人：是的，我的确说过。

青年：您这话本身不就像是一种魔法吗？！您这好比是一边忠告人们"不要被假币所骗"，一边又让人们持有假币。典型的欺诈模式！

XXI

哲人：人人都随时可以获得幸福。这并不是什么**魔法**，而是非常严肃的事实。你也好，其他什么人也好，都可以踏出幸福的第一步。但是，**幸福并非一劳永逸的事情。必须在幸福之路上坚持不懈地努力向前**。这一点我有必要指出。

你已经踏出了最初的一步，踏出了重要的一大步。但是，你不但勇气受挫止步不前，现在甚至想要半路返回。你知道这是为什么吗？

青年：您是说我耐力不够吧？

哲人：不，你尚未做出"人生最大的选择"。仅此而已。

青年：人生最大的选择？！您让我选择什么呢？

哲人：我刚才已经说过了，是"爱"。

青年：哎呀，这种话怎么能让人明白呢？！请您不要用抽象的说辞来回避话题！！

哲人：我是认真的。你现在所烦恼的一切都可以归结为爱的问题。无论是教育问题还是你自己人生方向的问题都是如此。

青年：……好吧。这一点似乎有些反驳的价值。那么，在进入正式辩论之前，我就先说说这个问题。先生，我认为您完全就是"当代苏格拉底"。不过，并不是在思想方面，而是在"罪责"方面。

哲人：罪责？

青年：据说苏格拉底是因为有教唆古希腊城邦雅典的年轻人堕落之嫌才获判死罪的吧？并且，他制止了要助其越狱的弟子们，服毒自尽……这岂不是很有意思？依我看，在这座古都宣扬阿德勒思想的您也犯了同样的罪过。也就是巧言迷惑不谙世事的年轻人，教唆他们堕落！

哲人：你是说自己被阿德勒思想蒙蔽而堕落了？

青年：所以才再次造访做一个了断。并且，我不想再有更多的受害者，这次一定要从思想上打败您。

哲人：……夜已经深了。

青年：但是，今晚黎明之前一定要做一个了结。也没有必要反复来访了。究竟是我登上理解的阶梯？抑或是击碎你十分珍视的所谓阶梯，彻底抛弃阿德勒思想？两者之中必择其一，没有折中的结果。

哲人：明白了。这将会是最后的对话吧？不……好像你势必要让其成为最后的对话。

目 录

推荐序一 没有足够勇气，你就无法幸福

推荐序二 "自立"尽头的爱

推荐序三 我遇见了所有的悲伤，但我依然愿意向往

推荐序四 勇者不惧，不惧者幸福

译者序

引言

人们误解了阿德勒思想

第一章 可恶的他人，可怜的自己

阿德勒心理学是一种宗教吗？　3

教育的目标是"自立"　8

所谓尊重就是"实事求是地看待一个人"　13

关心"他人兴趣"　18

假如拥有"同样的心灵与人生"　22

勇气会传染，尊重也会　24

"无法改变"的真正理由　27

你的"现在"决定了过去　31

可恶的他人，可怜的自己　33

阿德勒心理学中并无"魔法"　35

第二章　为何要否定"赏罚"

教室是一个民主国家　39

既不可以批评也不可以表扬　42

问题行为的"目的"是什么　45

憎恶我吧！抛弃我吧！　49

有"罚"便无"罪"吗？　55

以"暴力"为名的交流　58

发怒和训斥同义　61

自己的人生，可以由自己选择　64

第三章　由竞争原理到协作原理

否定"通过表扬促进成长"　71

褒奖带来竞争　74

共同体的病　76

人生始于"不完美"　79

"自我认同"的勇气　84

问题行为是在针对"你"　87

为什么人会想成为"救世主"　90

教育不是"工作"而是"交友"　94

第四章　付出，然后才有收获

一切快乐也都是人际关系的快乐　101

是"信任"，还是"信赖"？　105

为什么"工作"会成为人生的课题　108

职业不分贵贱　111

重要的是"如何利用被给予的东西" 115

你有几个挚友？ 119

主动"信赖" 122

人与人永远无法互相理解 125

人生要经历"平凡日常"的考验 128

付出，然后才有收获 131

第五章　选择爱的人生

爱并非"被动坠入" 135

从"被爱的方法"到"爱的方法" 138

爱是"由两个人共同完成的课题" 141

变换人生的"主语" 144

自立就是摆脱"自我" 147

爱究竟指向"谁" 151

怎样才能夺得父母的爱 154

人们害怕"去爱" 158

不存在"命中注定的人" 161

爱即"决断" 164

重新选择生活方式 167

保持单纯 171

致将要创造新时代的朋友们 173

后记一　再一次发现阿德勒 179

后记二　不要停下脚步，继续前进吧 181

作译者介绍 185

第一章　可恶的他人，可怜的自己

　　时隔三年再次拜访，哲人的书房与上次几乎没什么两样。一直使用着的书桌上尚未完成的书稿厚厚摞着。或许是怕被风吹乱吧，书稿上面压了一支带有金色镂花的古色古香的钢笔。一切都令青年充满眷恋，他甚至感觉这里简直就像是自己的房间。这本书自己也有，那本书上周才刚刚读完……眯眼看着满墙书架的青年深深吸了一口气。"绝不可以留恋此地，我必须迈出去。"他暗暗地下着决心。

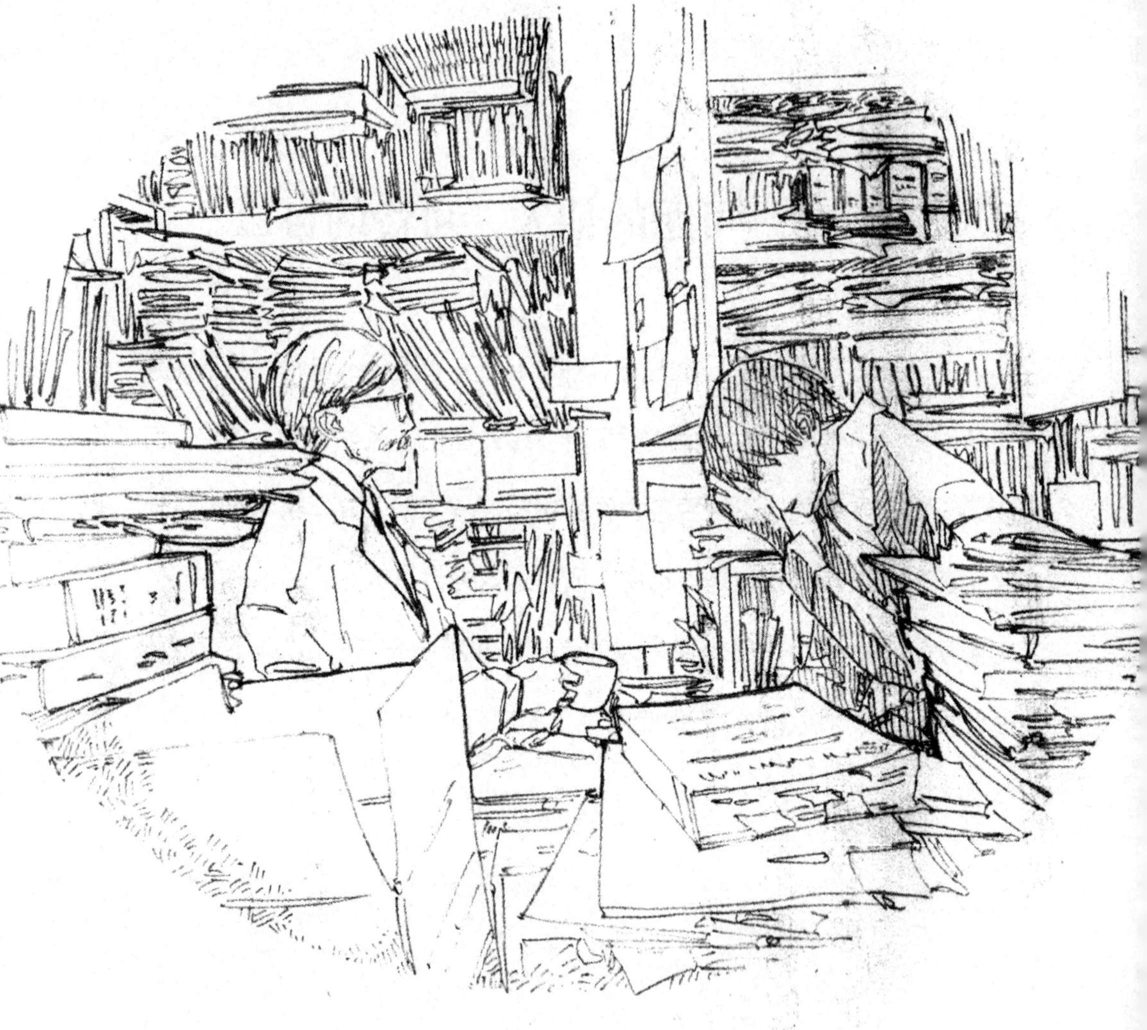

第一章　可恶的他人，可怜的自己

阿德勒心理学是一种宗教吗？

青年：直到决定今天再次登门拜访，也就是下定抛弃阿德勒思想这一决心之前，我真是相当苦恼。那种苦恼实在是超出你的想象，因为阿德勒思想是如此充满魅力。但事实是我自己也真是满腹疑问，这种疑问与"阿德勒心理学"这一名称本身直接相关。

哲人：哦，是怎么回事呢？

青年：正如阿德勒心理学这一名称一样，阿德勒思想被认为是心理学。而且，据我所知，心理学属于科学。但是，阿德勒所提倡的主张有很多不科学的地方。当然，因为是研究"心灵"的学问，不可以等同于那种一切都用算式表示的学科。这一点我很清楚。

但是，麻烦的是**阿德勒思想谈论人的时候太过"理想化"**。简直就像是基督教提倡的"邻人爱"一样不切实际的说教。好，所以我要提出第一个问题。先生认为阿德勒心理学是"科学"吗？

哲人：要说它是不是严格意义上的科学，也就是那种拥有证伪可能性的科学，那应该不是。虽然阿德勒明确表示自己的心理学是"科学"，但当他开始提出"共同体感觉"这个概念的时候，很多人就离他而去了。与你一样，他们断定"这种东西并不是科学"。

青年：是的，对于志在研究科学心理学的人来说，这也许是非常自然的反应。

哲人：这一点也是至今依然存在争议的地方，弗洛伊德的精神分析学、荣格的分析心理学以及阿德勒的个体心理学，在不具有证伪可能性这个意义上，三者都与科学的定义存在矛盾之处。这是事实。

青年：的确如此。今天我带了笔记本，准备好好记下来。您说阿德勒心理学不能说是严格意义上的科学……那么，先生您三年前曾用"另一种哲学"这种说法来形容阿德勒思想，对吧？

哲人：是的。我认为阿德勒心理学是**与希腊哲学一样的思想，是一种哲学**。阿德勒自己也这么认为。比起心理学家这个称号，他首先是一位哲学家，一位把自己的主张应用于临床实践的哲学家。这是我的认识。

青年：明白了。那么，接下来进入正题。我认真思考并全力实践了阿德勒思想，根本没有任何怀疑。深信不疑，简直可以说是热情高涨。但是，特别是当我想要在教育现场实践阿德勒思想时，遇到了意想不到的大大的排斥。不仅仅是学生们，也有来自周围教师的排斥。想想倒也理所当然。因为我提出了完全不同于他们原来价值观的教育理念，并试图首次进行实践。于是，我一下子想起了某些人，并和自己的境遇联系起来……您知道是谁吗？

哲人：是谁？

青年：大航海时代进入异教徒国家的天主教传教士们！

哲人：哦。

青年：非洲、亚洲以及美洲大陆。天主教的传教士们进入语言文化甚至所信仰的神都不相同的异国去宣扬自己信奉的教义。这简直就像去学校宣传阿德勒思想的我一样。即使那些传教士们也是既有传教成功的情况也有遭到镇压并被残忍杀害的情况……不，照常识想想，可能一般也会被拒绝吧。

如果是这样，那么这些传教士们究竟是如何让当地民众抛弃原有信仰接受全新"神"的呢？这可是一条相当困难的道路啊。带着强烈的疑问，我走进了图书馆。

哲人：然后呢……

第一章　可恶的他人，可怜的自己

青年：别急，我的话还没有说完。当我探寻大航海时代传教士们的相关书籍时又发现了另外一件有趣的事情。那就是"**阿德勒哲学是否归根结底还是一种宗教？**"。

哲人：……也有些道理。

青年：对吧？阿德勒所说的理想并不是科学。只要不是科学，最终都会走入"信或不信"的信仰层次话题。诚然，从我们的角度看，不了解阿德勒的人简直就像是依然信奉伪神的野蛮的未开化人。我们觉得必须尽快向其传播真正的"真理"以进行救济。但是，也许在对方眼里恰恰我们才是信奉邪神的未开化人。也许他们会认为我们才是应该被救济的对象。难道不是这样吗？

哲人：当然，正是如此。

青年：那么，我要请问您。阿德勒哲学和宗教究竟有什么区别？

哲人：宗教和哲学的区别。这真是一个重要的主题。在这里如果我们不去考虑"神"的存在，问题就好理解了。

青年：哦……怎么回事呢？

哲人：宗教、哲学以及科学，它们的出发点都一样。我们从哪里来；我们在哪里；然后，我们应该如何活着。**以这些问题为出发点的就是宗教、哲学、科学**。在古希腊，哲学和科学并无区别，科学（science）一词的语源即拉丁语的"scientia"仅仅是"知识"的意思。

青年：是啊，当时所谓的科学就是这样吧。但是，问题是哲学和宗教。哲学和宗教究竟有什么区别呢？

哲人：在谈论区别之前，最好先来明确一下两者的共同点。与仅限于客观事实认定的科学不同，哲学或宗教的研究范畴深入到人类的"真""善""美"。这是一个非常重大的要点。

青年：明白。您是说深入到人类"心灵"的是哲学、宗教。那么，两者的区别、分界线又在哪里呢？依然是"是否有神的存在"这一点吗？

哲人：不。**哲学和宗教的最大区别在于是否有"故事"**。宗教是通过故事来解释世界。在这里，可以说神是说明世界的重大故事的主人公。与此相对，哲学则拒绝故事。哲学通过没有主人公的抽象概念来解释世界。

青年：……哲学拒绝故事？

哲人：或者，请你这样想。为了探索真理，我们在向着黑暗无限延伸的长长的竹竿上不断地攀爬。质疑常识，反复地自问自答，在不知延伸至何处的竹竿上拼命地攀登。于是，偶尔我们会在黑暗中听到自己内心的声音。那就是"即使再往前走也没有什么，这里就是真理所在了。"之类的话。

青年：嗯。

哲人：于是，有人就遵从内心的声音停止了攀登的步伐。继而就会从竹竿上跳下来。那里是否有真理呢？我不知道。也许有，也许没有。不过，**停止攀登而中途跳下来，我称其为"宗教"。哲学则是永不止步**。这与是否有神没有关系。

青年：那么，永不止步的哲学岂不是没有答案吗？

哲人：哲学（philosophy）的语源即希腊语的"philosophia"就包含"热爱知识"的意思。也就是说，**哲学是"爱知学"，哲学家是"爱知者"**。反过来也可以说，一旦成为无所不知的完美"知者"，那个人其实就已经不再是爱知者（哲学家）了。近代哲学巨匠康德曾经说："我们无法学习哲学，我们只能学习如何**从事哲学**。"

青年：从事哲学？

哲人：是的。**与其说哲学是一门学问，不如说它是一种生存"态度"**。或许宗教是在神的名义之下阐述"一切"，阐述全知全能的神以及受神委托的教义。这是与哲学有着本质差别的观点。

并且，假如有人自称"自己明了一切"，继而停止求知和思考，那么，不管神是否存在或者信仰有无，这个人都已经步入了"宗教"。我是这么认为的。

青年：也就是说，先生您还"不知道"答案？

哲人：不知道。当我们自认为"了解"了对象的那一瞬间，就不再想继续探索了。我会永不停止地思考自己、思考他人、思考世界。因此，**我将永远"不知"**。

青年：呵呵呵。您这又是一种哲学式的回答吧。

哲人：苏格拉底通过与那些自称"知者"（诡辩派）的人对话得出一个结论。我（苏格拉底）很清楚"自己的知识并不完备"，知道自己无知；但是，他们那些诡辩派也就是自称知者的人自以为明了"一切"，却对自己的无知一无所知；在这一点上，也就是**在"知道自己的无知"这一点上，我比他们更配称为知者**……这就是著名的"无知之知"言论。

青年：那么，连答案都不知道的无知的您究竟要传授给我什么呢？！

哲人：不是传授，是共同思考、共同攀登。

青年：噢，朝着竹竿的无边尽头？绝不半路折回？

哲人：是的，一直追问、一直前进。

青年：您可真自信啊！但是诡辩已经无济于事了。好吧，那就让我把您从竹竿上摇落下来！

教育的目标是"自立"

哲人：那么，我们从哪里开始呢？

青年：现在，我关心的紧迫话题依然是教育。那就以教育为中心来揭穿阿德勒的自相矛盾吧。因为阿德勒思想在根本上与一切"教育"都有矛盾之处。

哲人：听起来倒有些意思。

青年：阿德勒心理学中有"课题分离"这种观点吧？人生中的一切事物都根据"这是谁的课题？"这一观点划分为"自己的课题"和"他人的课题"来考虑。比如，假设我被上司讨厌，当然，心情肯定不好，一般情况下一定会想方设法获得上司的好感和认可。

但是，阿德勒认为这样做不对。他人（上司）如何评价我的言行以及我这个人，这是上司的课题（他人的课题），我根本无法掌控。即使我再努力，上司也许依然讨厌我。

因此，阿德勒说："你并不是为了满足他人的期待而活着，别人也不是为了满足你的期待而活着。"不必畏惧他人的视线，不必在意他人的评价，也不需要寻求他人的认可。尽管去选择自己认为最好的路。也就是既不要干涉别人的课题，也不要让别人干涉自己的课题。这是一个会带给初次接触阿德勒心理学的人极大冲击的概念。

哲人：是的。如果能够进行"课题分离"，人际关系中的烦恼将会减少很多。

青年：而且，先生也曾说过下面的话。到底是谁的课题，辨别方法其实很简单，也就是只需要考虑一下"**选择带来的结果最终由谁承担**"。

我没说错吧？

哲人：没错。

青年：那时先生举出的事例是孩子的学习问题。孩子不学习。担心其将来的父母会加以训斥并强迫其学习。但是，这种事例中，"孩子不学习"所带来的结果——总之就是考不上理想学校或者难以找到工作之类的事情——的承担者是谁呢？无疑是孩子自己，而绝对不是父母。也就是说，学习是"孩子的课题"，父母不应该干涉。这样理解没有问题吧？

哲人：是的。

青年：那么，这里就产生了一个大大的疑问。学习是孩子的课题，父母不可以干涉孩子的课题。倘若如此，"教育"又是什么呢？我们教育者又是什么样的职业呢？可以这么说，若是按照先生的理论，我们这些强迫学生学习的教育者简直就是粗暴干涉孩子课题的不法侵入者！哈哈，怎么样？您能回答这个问题吗？

哲人：的确。这是谈论教育者与阿德勒的时候时常遇到的一个问题。学习的确是孩子的课题。即使父母也不可以妄加干涉。假若我们片面地去理解阿德勒所说的"课题分离"，那么，所有的教育都将是对他人课题的干涉，是应该被否定的行为。但是，在阿德勒时代，没有比他更热心教育的心理学家。**对阿德勒来说，教育不仅是中心课题之一，更是最大的希望。**

青年：哦，具体讲呢？

哲人：例如，在阿德勒心理学中，心理咨询并不被认为是"治疗"，而被看成是"再教育"的机会。

青年：再教育？

哲人：是的。无论是心理咨询还是孩子的教育，其本质都一样。我们也可以认为，心理咨询师就是教育者，教育者就是心理咨询师。

青年：哈哈，这一点我还真不知道。难道我还成了心理咨询师了？！到底是什么意思呢？

哲人：这是很重要的点。让我给你慢慢道来。首先，在你看来，家庭或学校教育的目标是什么呢？

青年：……这可一言难尽。通过学问钻研知识、培养社会性、成长为富有正义感、身心健康的人……

哲人：是的。这些都很重要，但是请您站在更广阔的角度想一想。我们通过实施教育想要孩子变成什么呢？

青年：……希望其成为一个合格的成人吗？

哲人：是的，教育的目标简而言之就是"自立"。

青年：自立……哦，也可以这么说吧。

哲人：阿德勒心理学认为，人都有极力逃脱无力状态不断追求进步的需求，也就是"**优越性追求**"。蹒跚学步的婴儿渐渐可以独立行走，掌握语言与周围人进行沟通交流。也就是说，人都追求自由，追求脱离无力而不自由状态之后的"自立"。这是一种根本性的需求。

青年：您是说促进其自立的是教育？

哲人：是的。而且，并不仅仅是身体的成长，孩子们在取得社会性"自立"的时候必须了解各种各样的事情。你所说的社会性、正义以及知识等也在其列。当然，关于一些不懂的事情，那些懂得的人必须进行传授。周围的人必须进行帮助。**教育不是"干涉"，而是"帮助"其自立。**

青年：哈，听起来仅仅是换了种说法而已啊！

哲人：例如，假如一个人连交通规则和红绿灯的意思都不懂就被放到社会上去会怎样呢？或者是一个根本不会开车的人能让其开车吗？

当然，这里都有应该记住的规则和应该掌握的技术。这是性命攸关的问题，而且也是关系到他人性命安全的问题。反过来说，假如地球上根本没有他人只有自己一个人生活的话，那就没有应该知道的事情，也不需要教育了。那样的世界不需要"知识"。

青年：您是说因为有他人和社会存在，才有应该学习的"知识"？

哲人：正是如此。这里的"知识"不仅仅指学问，还包括**人如何幸福生活的"知识"**。也就是，人应该如何在共同体中生活，如何与他人相处，如何才能在共同体中找到自己的位置；认识"我"，认识"你"，了解人的本性，理解人的理想状态。阿德勒把这种知识叫作**"人格知识"**。

青年：人格知识？第一次听说这个词。

哲人：或许吧。这种人格知识无法从书本上获得，只能从与他人交往的人际关系实践中学习。在这个意义上，可以说有众多人围绕的学校比家庭更具教育价值。

青年：您是说教育的关键就在于这种"人格知识"？

哲人：是的。心理咨询也是如此。心理咨询师就是帮助来访者"自立"，共同思考自立所需要的"人格知识"……对了，你还记得我上次说过的阿德勒心理学所提出的目标吗？行为方面的目标和心理方面的目标。

青年：是的，当然记得。行为方面的目标有以下两点：

（1）**自立。**

（2）**与社会和谐共处。**

而且，支撑这种行为的心理方面的目标也有以下两点：

（1）**"我有能力"的意识。**

（2）**"人人都是我的伙伴"的意识。**

总之，您是说不仅仅是心理咨询，即使在教育现场，这四点也非常重要吧？

哲人：而且，即使对于我们这些莫名感到生活艰辛的成年人也是一样。因为也有很多成年人无法达到这些目标，为社会生活所苦恼。

假如抛开"自立"这一目标，教育、心理咨询或者是工作指导都会立即变成一种强迫行为。

我们必须明确自己的责任所在。教育是沦为强制性的"干涉"，还是止于促其自立的"帮助"？这完全取决于教育者、咨询师以及指导者的态度。

青年：的确如此。我明白也赞成这种远大的理想。但是，先生，同样的方法已经骗不了我了！和先生谈话，最后总是归于抽象的理想论，总是说一些冠冕堂皇的话，让人"自以为明白了"。

但是，现实问题并不抽象而是非常具体的。不要一味空谈，请您讲一些实实在在的理论。具体说来，教育者应该踏出怎样的一步？关于这最重要的具体的一步，您一直在含糊其辞。您的话太空了，总是关注一些远处的风景，却根本不看脚下的泥泞。

三年前的青年对于哲人口中所说的阿德勒思想满是惊讶、怀疑和感情排斥。但这次却有所不同。青年对阿德勒心理学的主要内容已经充分理解，社会实践经验也更加丰富。从实际经验的意义上来讲，甚至可以说青年学到的东西更多。这一次，青年的计划很明确。那就是：不要听抽象化、理论式、理想性的话，一定要听具体化、实践式、现实性的话。因为，他知道阿德勒的弱点也正在这里。

所谓尊重就是"实事求是地看待一个人"

哲人：具体从哪里开始好呢？当教育、指导、帮助都以"自立"为目标的时候，其入口在哪里呢？这一点的确令人苦恼。但是，这里也有明确的方针。

青年：愿闻其详。

哲人：答案只有一个，那就是"尊重"。

青年：尊重？

哲人：是的。教育的入口唯此无他。

青年：这又是一个令人意外的答案！也就是"尊重父母""尊重教师""尊重上司"之类的吗？

哲人：不是。比如在班级里，**首先"你"要对孩子们心怀尊重**。一切都从这里开始。

青年：我？去尊重那些五分钟都安静不了的孩子们？

哲人：是的。无论是亲子关系还是公司单位的人际关系，这一点在所有的人际关系中都一样。首先，父母要尊重孩子，上司要尊重部下。**"教的一方"要尊重"被教的一方"**。没有尊重的地方无法产生良好的人际关系，没有良好的关系就不能顺畅交流。

青年：您是说无论什么样的问题儿童都要去尊重他？

哲人：是的。因为最根源的是要"尊重人"。并不是指尊重特定的他人，而是指尊重所有的他人，包括家人、朋友、擦肩而过的陌路人，甚至是素未谋面的异国人等。

青年：啊，又是道德说教！不然就是宗教。这是个好机会，您就尽情地说吧。的确，即使在学校教育中，道德也是必修课程，占有重要地位。也必须得承认，的确有很多人相信其价值。

但是，也请您认真想一想。为什么需要特意向孩子们灌输道德观念呢？那是因为孩子们本来是不道德的存在，甚至人原本都是不道德的存在！哼，什么是"对人的尊重"？！其实无论是我还是先生，我们灵魂深处飘荡着的都是令人恶心的不道德的腐臭！

对不道德的人说"一定要讲道德"，要求我讲道德。这分明就是干涉、强迫。您说的都是一些自相矛盾的话！我再重复一遍，先生您的理想论在现实中根本起不了任何作用。而且，您说说要如何尊重那些问题儿童？！

哲人：那么，我也再重复一遍。我并不是在进行道德说教。而且，还有一点，像你这样的人更要懂得并学会尊重。

青年：实在对不起！我根本不想听宗教式的空谈，我要听随时可以实施的可行而具体的建议！

哲人：尊重是什么？我要给你介绍下面这句话。那就是"**尊重就是实事求是地看待一个人并认识到其独特个性的能力**"。这是与阿德勒同时代，为躲避纳粹迫害从德国逃到美国的社会心理学家埃里克·弗洛姆的话。

青年："认识到其独特个性的能力"？

哲人：是的。实事求是地去看待这个世界上独一无二的、不可替代的"那个人"。并且，弗洛姆还补充说：**"尊重就是要努力地使对方能成长和发展自己。"**

青年：什么意思？

哲人：不要试图改变或者操控眼前的他人。不附加任何条件地去认可"真实的那个人"。这就是最好的尊重。并且，假如有人能认可"真实的自己"，那个人应该也会因此获得巨大的勇气。**可以说尊重也是"鼓励"之根源。**

青年：不对！这不是我所了解的尊重。尊重是心怀"自己也想成为那样"的愿望，类似于憧憬之类的感情！

哲人：不，那不是尊重，那是恐惧、从属、信仰。那只是一种不看对方是谁，一味畏惧权力权势、崇拜虚像的状态。

尊重（respect）一词的语源拉丁语的"respicio"，含有"看"的意思。首先要看真实的那个人。你还什么也没有看，也不想看。不要把自己的价值观强加于人，要努力去发现那个人本身的价值，并且进一步帮助其成长发展，这才是尊重。在企图操控和矫正他人的态度中根本没有丝毫尊重。

青年：……如果认可其真实状态，那些问题儿童会改变吗？

哲人：那不是你能控制的事情，可能会改变，也可能不会改变。但是，有了你的尊重，每个学生都会接纳自我并找回自立的勇气。这一点没错吧？是否好好利用找回的勇气，那就要看学生们自己了。

青年：您是说这里又要"课题分离"？

哲人：是的。**即使你能将其带到水边也无法强迫其喝水。**不管你是多么优秀的教育者都无法保证他们一定会有所改变。但是，正因为无法保证，所以才需要无条件的尊重。首先必须从"你"开始。不附加任何条件也不管结果如何都**要踏出最初一步的是"你"**。

青年：但是，这样的话什么都不会改变！

哲人：在这个世界上，无论多么有权势的人都无法强迫的事情只有两样。

青年：什么？

哲人："尊重"和"爱"。例如，假设公司的领导是强势的独裁者，的确，员工们也许会无条件地服从命令，假装顺从。但是，这是基于恐惧的服从，根本没有一丁点尊重。即使领导高呼"必须尊重我"，也不会有人尊重，只会越来越离心。

青年：是啊，的确如此。

哲人：并且，相互之间一旦不存在尊重，也就不会有人性化的"关系"。这样的单位只不过是聚集了一些仅仅像螺丝、弹簧或齿轮一样"功能"化的人。即使可以完成一些机械化的"作业"，也没人能够胜任人性化的"工作"。

青年：哎呀，不要兜圈子了！总之，先生您是说因为我得不到学生的尊重，所以课堂才会一片混乱吧？！

哲人：即使有一时的恐惧，也不会有尊重。在这样的情况下，班级混乱也是理所当然的。于是，对混乱班级束手无策的你采取了强制性手段。你企图用威胁和恐吓强迫其服从。的确，也许可以收到一时的效果。你或许还会安心地认为大家都变得听话了。但是……

青年：……他们根本就没有真正听我的话？

哲人：是的。孩子们服从的仅仅是"权力"而不是"你"，他们也根本不想理解"你"，他们只是堵住耳朵闭上眼睛苦苦等待愤怒风暴快点过去而已。

青年：呵呵呵，果真如您所言。

哲人：之所以陷入这种恶性循环，首先也是因为你自己没有成功地踏出无条件尊重学生的第一步。

青年：您的意思是说第一步没有走好的我即使再做什么都行不通？

哲人：是的。这就像在空旷无人的地方高声大喊一样，根本不会有人听见。

青年：好吧！我要反驳的地方还有很多，关于这一点就先暂且接受您的说法。那么，假设先生您的话正确，以尊重为开端构筑良好关系，但问题是究竟应该如何表示尊重呢？难道要满脸笑容地说"我很尊重你"？

哲人：尊重不是靠嘴上说说就可以。而且，对于以这种方式靠近自己的成年人，孩子们会敏锐地察觉对方是在"撒谎"或者是有所"企图"。在他们认定"这个人在撒谎"的那一瞬间，尊重就已经不复存在了。

青年：是的、是的，这一点也正如您所言。但是，那该怎么办呢？先生您现在关于"尊重"的说法原本就很矛盾。

哲人：哦，哪里矛盾呢？

哲人说要从尊重开始。不仅仅是教育，一切人际关系的基础都是尊重。的确，没人会去认真倾听一个无法令自己尊重的人。哲人的主张也有能够理解的地方。但是，尊重所有的人，也就是说无论是班级里的问题儿童还是社会上横行霸道的恶徒都是应该尊重的对象，这种主张我坚决反对。并且，这个男人已经在自掘坟墓，严重自相矛盾。也就是说，我应该做的工作就是将这个岩窟里的苏格拉底彻底埋葬。青年这样想着，缓缓地舔了一下嘴唇，之后开始了滔滔不绝的论战。

关心"他人兴趣"

青年：您注意到了吗？先生您刚才说"尊重绝对不能强迫"。这一点确实如此，我也非常赞同。但是，您转而又说"要尊重学生"。哈哈，这不是很奇怪吗？！不能强迫的事情您却强迫我去做！这不叫矛盾，什么叫矛盾呢？！

哲人：的确，单单这两句话，听起来也许有些矛盾。但是，请你这样理解，尊重之球只会弹回到主动将其投出的人那里。这正像对着墙壁投球一样。如果你投出去的话，有可能弹回来。但是，仅仅对着墙壁大喊"把球给我"却无济于事。

青年：不，您不要用巧妙的比喻来敷衍了事。请好好回答！投出球的"我"的尊重来自哪里？球可不会凭空而生！

哲人：明白了。这是理解实践阿德勒心理学的关键点。你还记得"**共同体感觉**"这个说法吗？

青年：当然记得，虽然我还没有完全理解。

哲人：是的，这是一个相当难理解的概念，还要花费一些时间去思考。现在请你先回忆一下，阿德勒把德语中的"共同体感觉"翻译成英语的时候采用了"social interest"这个词。它的意思就是"对社会的关心"，进一步讲就是**对形成社会的"他人"的关心**。

青年：与德语不一样吧？

哲人：是的。德语中采用的是具有"共同体"意思的"gemeinschaft"与具有"感觉"意思的"gefühl"结合起来的"gemeinschaftsgefühl"一词，正是"共同体感觉"的意思。如果将该词英译时忠实于德语原文的话，那或许就会变成"community feeling"或者"community sense"了。

青年：哎呀，虽然我并不想听这种学术性的话，但还是想知道这是怎么回事。

哲人：请你仔细思考一下。阿德勒把"共同体感觉"介绍到英语圈的时候为什么没有选择忠实于德语原文的"community feeling"一词而是选择了"social interest"这个词？这其中隐含着非常重大的理由。

还在维也纳的阿德勒开始提倡"共同体感觉"这一概念的时候，很多支持者都离他而去，这事我曾经说过吧？也就是说，很多人认为这种东西不是科学，那些原本认为阿德勒心理学是科学的人开始怀疑其价值，于是阿德勒遭到非议，失去了支持者。

青年：是的，我听说过。

哲人：通过这件事，阿德勒也充分理解了"共同体感觉"推广的难度。因此，在将其介绍到英语圈的时候，他把"共同体感觉"这一概念置换成了更具实践性的行动指南，把抽象换成了具体。这种具体的行动指南正是"对他人的关心"这一说法。

青年：行动指南？

哲人：是的。也就是不要执着于自我，而要对他人给予关心。按照这种指南去做，自然就能找到"共同体感觉"。

青年：啊，我什么也不明白！这种说法已经很抽象了！对他人给予关心这种行动指南本身就很抽象！具体应该怎么做呢？！

哲人：那么，在这里请你再回忆一下弗洛姆的话："尊重就是要努力地使对方能成长和发展自己"。……不做任何否定，不做任何强迫，接受并尊重"那个人真实的样子"。也就是，守护并关心对方的尊严。那么，这具体的第一步在哪里，你知道吗？

青年：第一步是什么？

哲人：这是一个非常合乎逻辑的归结：**关心"他人兴趣"**。

青年：他人兴趣？！

哲人：例如，孩子们爱玩你根本无法理解的游戏，热衷于一些面向孩子的无聊玩具，有时还读一些与公共秩序和社会良俗相违背的书籍，沉迷于电子游戏……你也可以想到很多事例吧？

青年：是的，几乎每天都在亲眼看见类似的场景。

哲人：很多父母或者教育者都对此非常反感，希望能够带给孩子更多"有用的东西"或者是"有价值的东西"。劝阻其不良行为，没收书籍或者玩具，只给孩子自己认为有价值的东西。

当然，父母这么做是在"为孩子着想"。但这完全是一种缺乏"尊重"，只能逐渐拉远与孩子距离的行为。因为它否定了孩子们认为理所当然的兴趣。

青年：那么，您的意思是说要给他们推荐一些低俗的游戏？

哲人：不是我们向其推荐什么。只是去关心"孩子们的兴趣"。无论在你看来是多么低俗的游戏，都首先试着去理解一下它到底是怎么回事。自己也去尝试一下，偶尔再和他们一起玩玩。不是"陪你玩"，而是自己也投入其中愉快地享受。这时孩子们才会真正感到自己作为一个人被认可、被"尊重"、被平等对待，而不是仅仅被当作一个孩子。

青年：但是，那……

哲人：并不仅仅是孩子。这是**所有人际关系中都必需的尊重的具体的第一步**。无论是公司里的人际关系还是恋人间的关系，抑或是国际关系，在各种关系中我们都需要对"他人兴趣"给予更多关心。

青年：不可能！先生您或许不知道，那些孩子们的兴趣有的非常下流！有的甚至极其粗俗、怪诞、丑恶！所以，为他们指出正确道路不正是我们大人的职责所在吗？！

哲人：不对。关于共同体感觉，阿德勒喜欢这样讲，我们需要"**用他人的眼睛去看，用他人的耳朵去听，用他人的心去感受**"。

青年：什么意思？

哲人：你现在是企图用自己的眼睛去看，用自己的耳朵去听，用自己的心去感受。所以才会用"粗俗""丑恶"之类的词来形容孩子们的兴趣。孩子们并不认为自己的兴趣粗俗。那么，他们又看到了什么呢？首先就从理解他们这一点开始。

青年：哎呀，不可能！根本不可能！

哲人：为什么？

假如拥有"同样的心灵与人生"

青年：先生也许已经忘了，但我还清楚地记着。三年前，您断言道，人并不是住在客观的世界，而是住在自己营造的主观世界里。我们必须面对的问题不是"世界如何"，而是"如何看待世界"。我们都无法脱离主观。

哲人：是的，正是如此。

青年：那么，我要问问您。无法脱离主观的我们又如何拥有"他人的眼睛"或者"他人的耳朵"，甚至拥有"他人的心灵"？！请您不要玩文字游戏！

哲人：这个问题很重要。的确，我们无法脱离主观。当然也不可能成为他人。但是，我们可以想象他人眼中看到的事物和他人耳中听到的声音。

阿德勒这样建议：首先想一想"假如我拥有和此人一样的心灵和人生情况会如何？"。如此一来，你就会意识到"自己也一定会面临和此人一样的课题吧"，于是也就能理解他人。继而就能够想象到"自己也一定会采取和此人一样的做法吧"。

青年：同样的心灵和人生……？

哲人：例如，有一个根本不想学习的学生。此时去追问他"你为什么不学习"，这种做法本身就表现了缺乏尊重的态度。不要这样做，而是去想一想"假如自己和他拥有同样的心灵和人生的情况会如何？"。想象一下自己和他处于相同的年纪，生活在一样的家庭，交着和他相同的朋友，拥有和他一样的兴趣。如此一来也就能想象出"那样的自己"

在学习这个课题上会采取什么样的态度以及为什么会拒绝学习……你知道这种态度叫什么吗？

青年：……是想象力吗？

哲人：不，这就是"共鸣"。

青年：共鸣？！这种去想象拥有同样的心灵和人生的做法？

哲人：是的。我们一般认为的共鸣，也就是想着"我也是一样的心情"去同意对方的意见，其实这只不过是赞同而非共鸣。**共鸣是接近他人时的技术和态度。**

青年：技术！共鸣是技术吗？

哲人：是的。并且，**只要是技术，你也可以掌握。**

青年：哦，很有趣嘛！那么，请您作为技术来说明一下吧。究竟如何了解对方的"心灵和人生"？难道要一一去咨询？哈，这您也不明白吧！

哲人：所以才要去关心"他人兴趣"。不可以仅仅是远距离地观望。必须亲自投入其中。没有投入其中的你只会高高在上地批评"那不合理""这有毛病"。这种做法既没有尊重也不可能有共鸣。

青年：不对！完全不对！

哲人：哪里不对？

勇气会传染，尊重也会

青年：如果我和学生们一起玩球的话，他们也许会敬慕我。也许会增加好感拉近距离。但是，你一旦成为那些孩子们的"朋友"，教育就会变得更加困难！

很遗憾，孩子们并不是天使。他们往往是"蹬鼻子上脸"无法无天的小恶魔。其实你只是在与世上并不存在的空想中的天使们做游戏！

哲人：我也养育了两个孩子。另外，也有很多不习惯学校教育的年轻人到这个书房里来进行心理咨询。如你所言，孩子不是天使，是人。

但是，正因为他们是人，才必须给予最大的尊重。不俯视、不仰视、不讨好，**平等以待**，对他们感兴趣的事物产生共鸣。

青年：不，尊重他们的理由我没法接受。归根结底，我们是要通过尊重激发其自尊心吧？这本身就是一种小瞧孩子们的想法！

哲人：我的话你还是只理解了一半。我并不是要求你单方面去"尊重"。而是**希望你教会孩子们"尊重"**。

青年：教会尊重？

哲人：是的，通过你的身体力行来向他们展示什么是尊重。展示尊重这种构筑人际关系基础的方法，让他们了解基于尊重的关系。阿德勒说"怯懦会传染。**勇气也会传染**"。当然，"尊重"也会传染。

青年：会传染？！无论勇气还是尊重？

哲人：是的。由你开始。即使没人理解和赞同，你也必须首先点亮火把，展示勇气和尊重。火把照亮的范围最多也就是半径数米，也许感觉像是一个人走在空无一人的夜道上。但是，数百米之外的人也可以看到你所举着的火把。大家就会知道那里有人、有光，走过去有路。不久，你的周围就会聚集数十数百盏火把，数十数百的人们都会被这些火把照亮。

青年：……哼，这究竟是什么寓言呀？！您的意思是说我们教育者的职责就是尊重孩子们并教给他们什么是尊重？

哲人：是的。不仅仅是教育，这也是**一切人际关系的第一步。**

青年：不不，我不知道您到底养育了几个孩子，有多少人到这里来进行心理咨询，但先生您是闷在这个闭塞书房里的哲学家。您根本不了解现代的现实社会和学校！

学校教育和资本主义社会所寻求的根本不是人格或者虚无的"人格知识"，监护人和社会要的是看得见的数字。就教育机构来说，那就是看学习实力的提升！

哲人：是的，这倒没错。

青年：无论你多么受学生爱戴，无法提升学生学习实力的教育者都会被打上教育失职的烙印。这就等同于企业集团中的亏损企业！而那些靠强硬手段提高学生学习实力的教育者就可以获得喝彩和掌声。

并且，问题还远不止如此。就连那些一直被训斥的学生们日后也会感激地说"谢谢您那时对我的严厉指导"！学生本人也认为正因为被严加管教才能够继续学习，所以老师的严厉是爱的鞭策。并且，他们甚至会对此感激不已！这种现实，您又如何解释呢？！

哲人：当然，我也认为会有你说的这些情况。这也可以说正是对阿德勒心理学理论再学习的好案例。

青年：哦，您是说可以解释？

哲人：我们接着三年前的讨论，对阿德勒心理学进行深一步的探讨，你一定会有更多的发现。

　　阿德勒心理学的关键概念，最难理解的是"共同体感觉"。对此，哲人说："用他人的眼睛去看，用他人的耳朵去听，用他人的心去感受。"并且他还说这需要共鸣技术，而共鸣的第一步就是关心"他人兴趣"。作为道理，可以理解。但是，教育者的工作就是成为孩子们好的理解者吗？这究竟是不是哲学家的文字游戏呢？青年目光犀利地注视着提出"再学习"一词的哲人。

"无法改变"的真正理由

青年：那我要问问您。再学习阿德勒的什么呢？

哲人：在判定自己言行以及他人言行时，思考其背后所隐藏的"目的"。这是阿德勒心理学的基本主张。

青年：我知道。就是"目的论"嘛。

哲人：那你能简单说明一下吗？

青年：我试试吧。无论过去发生什么，那都不起决定作用。过去有没有精神创伤都没有关系，因为**人并不是受过去的"原因"驱动，而是按照现在的"目的"活着**。例如，有人说"因为家庭环境恶劣，所以形成了阴郁的性格"，这就是**人生的谎言**。事实上是，有"不想在与他人交往中受伤"这一目的在先，继而为了实现这个目的才选择了不与人来往的"阴郁性格"。并且，为自己选择这种性格找借口，就搬出了"过去的家庭环境"……是这么回事吧？

哲人：是的。你接着说。

青年：也就是说，**决定我们生活方式的并不是过去的经历，而是我们自己赋予经历的意义**。

哲人：正是如此。

青年：并且，那时先生还说过这样的话。无论之前的人生发生过什么，都对今后的人生如何度过没有影响。**决定自己人生的是活在"此时此处"的你自己**……这样理解没错吧？

哲人：谢谢。没错。我们并不是受过去精神创伤摆布的脆弱存在。阿德勒思想本身就是基于对人的尊严与潜能的强烈信赖，他认为"人随时可以决定自我"。

青年：是的，我明白。不过，我还是无法彻底排除"原因"的强大影响，难以用"目的"来阐释一切。例如，即使有"不想与他人来往"的目的存在，那也一定是因为有促使这种目的产生的"原因"吧。在我看来，目的论即使是划时代的观点，也并非万能的真理。

哲人：那也没关系。通过今夜的交谈，有些事情也许会改变，也许不会改变。决定于你，我绝不强求。那么，请你听一听我这个想法。

我们随时都可以决定自我，可以选择新的自己。尽管如此，我们却很难改变自己。虽然很想改变，但却无法改变。究竟为什么呢？这个问题你怎么看？

青年：因为**其实是不想改变**？

哲人：正是如此。这又要涉及"变化是什么"这个问题。倘若说得过激一些，**变化就意味着"死亡"**。

青年：死亡？

哲人：比如，假设你现在正为人生而苦思焦虑，很想改变自己。但是，改变自己就意味着抛弃"过去的自己"，否定"过去的自己"，压制"过去的自己"，可以说就是把"过去的自己"送进坟墓，之后会作为"全新的自己"重生。

那么，无论对现状多么不满，能够选择"死"吗？能够投身于深不见底的黑暗吗？这并不容易做到。

所以，人们不想改变，无论多么痛苦也想"维持现状"。并且，还要为"维持现状"这一选择寻找一些合适的借口。

青年：嗯。

哲人：那么，当一个人想要肯定"现在的自己"之时，你认为他会为自己的过去如何着色呢？

青年：啊，也就是说……

哲人：答案只有一个。也就是将自己的过去总结为"虽然经历了那么多的事情，但现在这样已经不错了"。

青年：……为了肯定"现在"而去肯定不幸的"过去"。

哲人：是的。你刚才说到的大讲"谢谢您那时对我的严厉指导"之类感谢之辞的人就是这样，他们其实是在想积极肯定"现在的自己"。结果，过去的一切都成了美好记忆。所以，他们并不是用感激之辞来肯定强权式教育。

青年：因为想要肯定现在，所以过去就会变成美好回忆……哎呀，太有意思了。作为脱离现实的心理学来说，这的确是非常有趣的研究。但是，我无法赞同这种解释。为什么呢？我自己就是一个很好的证明，因为我就根本不符合您现在这种说法！我至今依然对初中或高中时代那些严厉到蛮不讲理的老师们心怀不满，绝无半点感谢之意，那种坐牢一样的学校生活也绝对不会成为美好回忆！

哲人：那是**因为你对"现在的自己"不满意**吧。

青年：您说什么？！

哲人：倘若讲得再苛刻一些，就是为了给与理想相差太远的"现在的自己"找一个正当理由，所以就把自己的过去涂成灰色。想要把原因都归结为"都怪那个学校"或者"全因为有那样的老师"之类的托词之上。并且，心怀"如果在理想的学校遇到理想的老师，自己也不会是现在这样"之类的想法，**打算活在假想之中**。

青年：您……您太失礼了！您有什么证据就如此胡猜乱想！

哲人：你真能断言我这是胡猜乱想吗？问题不在于过去发生了什么，而在于"现在的自己"赋予过去什么样的意义。

青年：请收回您的话！您又了解我什么？！

哲人：你别激动。**我们这个世界根本不存在什么真正意义上的"过去"**。只有根据千人千样的"现在"而被着色的各种各样的解释。

青年：这个世界根本不存在什么过去？！

哲人：所谓的过去，并不是无法回去，而是**根本"不存在"**。只要不认清这一点，就无法搞懂目的论的本质。

青年：哎呀，太气人了！胡猜乱想之后又在这里说什么"过去根本不存在"？！真是满口谎言，您就打算这样糊弄我吗？！好吧，那就让我把您的谎言一一揭穿！！

你的"现在"决定了过去

哲人：这的确是一个很难接受的观点。但是，如果冷静地实事求是地想一想，你一定会同意。因为除此之外别无他法。

青年：您似乎是被思想的热情烧坏头脑了吧！假如过去不存在，那"历史"又是什么？难道您热爱的苏格拉底或柏拉图也不存在？您这么讲会被嘲笑不懂科学！

哲人：历史是被时代掌权者不断篡改的一个巨大故事。历史常常按照掌权者制定的是非观被巧妙地篡改。一切年表和史书都是被篡改过的伪书，目的就是为了证明时代掌权者的正统性。

在历史中，常常是"现在"最正确，一旦某个政权被打倒，又会有新的执政者来改写过去。目的只有一个：证明自己的正统性。在这里，根本不存在真正意义上的"过去"。

青年：但是……

哲人：例如，假设在某个国家，某个武装组织策划了武装政变。一旦被镇压，政变以失败告终，他们就会以逆贼的罪名被写进历史。另一方面，如果政变成功，政权被打倒，他们就会作为对抗暴政的英雄名垂青史。

青年：……所以说历史常常被胜者改写？

哲人：我们个人也一样。人人都是"我"这个故事的编纂者，为了证明"现在的我"的正统性，其过去往往会被随意改写。

青年：不对！个人的情况不一样！个人的过去，还有记忆，这属于脑科学领域。算了吧！！这不是您这种落后于时代的哲学家能懂的领域！

哲人：关于记忆，请你这样想。人会从过去发生的庞大事件系统中只选择符合现在"目的"的事件并赋予其意义，继而当作自己的记忆。反过来说就是**不符合现在"目的"的事件会被抹掉。**

青年：您在说什么啊？！

哲人：我给你介绍一个心理咨询的案例。我在为某位男士做心理咨询的时候，作为童年时代的记忆，他提到了"曾经被狗咬到脚"这件事。据说他平日总是被母亲教导说："如果遇到野狗一定不要动。因为你越是逃它越会追过来。"过去街上常常有很多野狗，某一日，他在路旁遇上了野狗。虽然同行的朋友们都逃走了，但他按照妈妈的嘱咐，待在那里一动不动。可是，他遭到野狗袭击被咬伤了脚。

青年：先生是说那记忆是被捏造的谎言？

哲人：不是谎言，事实上确实被咬了。但是，这件事应该还有后续。在之后的多次心理咨询中，他想起了接下来发生的事。正在他被狗咬伤痛苦地蹲在那里的时候，骑车路过的一位男士将他救起并送到了医院。

心理咨询初期，他抱着"世界很危险，人人都是我的敌人"这样的生活方式（世界观）。对那时的他来说，被狗咬伤的记忆正是象征着世界充满危险的事件。但是，当渐渐开始认为"世界是安全的，人人都是我的朋友"的时候，印证这一想法的事件就从记忆中被挖掘出来了。

青年：嗯。

哲人：自己被狗咬了？还是得到了他人的救助？阿德勒心理学之所以被称为"使用心理学"就在于"可以选择自己的人生"这一观点。并非是过去决定"现在"，而是**你的"现在"决定着过去。**

可恶的他人，可怜的自己

青年：……您是说完全是我们自己在选择人生、选择自己的过去？

哲人：是的。谁的人生都不可能一帆风顺，任何人都会有悲伤和挫折以及追悔莫及的事情。那么，为什么有的人会把过去发生的悲剧说成是"教训"或"回忆"，而有的人则把其当成至今不敢触及的精神创伤呢？

这并不是被过去所束缚，其实是自己需要把过去着上"不幸"的颜色。若是说得再严重些，那就是企图借悲剧这一劣酒来忘却不得志的"现在"的痛苦。

青年：够啦！别再说这种不负责任的话啦！什么是悲剧的劣酒？！你所说的一切不过是强者的理论、胜者的理论！你根本不懂精神创伤者的痛苦，你这是在侮辱那些受过精神创伤的人！

哲人：不对，我正因为相信人的潜能才否定沉溺于悲剧的做法。

青年：不，我并不想听你以前度过了什么样的人生，但感觉基本上能够理解。总之，你应该是既没有经历过什么挫折也没有遭遇过极其不合理的事情，直接就踏进了虚无缥缈的哲学世界，所以才能如此不顾别人遭受的心灵创伤。您完全是一个幸运儿！

哲人：……你似乎无法接受啊。那么，我们来试试这个吧。这是我们做心理咨询时经常使用的三棱柱。

青年：哦，看上去很有意思。这是什么？

哲人：这个三棱柱就代表我们的心。现在，从你坐的位置只能看到三个侧面中的两个面。两个面上分别写着什么呢？

青年：一个面上写着"**可恶的他人**"，另一个面上写着"**可怜的自己**"。

哲人：是的，来进行心理咨询的人大多讲的就是这两种情况。声泪俱下地诉说自己遭到的不幸，抑或是深恶痛绝地控诉责难自己的他人或者将自己卷入其中的社会。

不仅仅是心理咨询，与家人朋友交谈的时候，商量事情的时候，我们往往很难认识到自己正在说什么。但是，像这样视觉化之后，就会清楚地看到我们说的话**归根结底只有这两种**而已。你一定也能想得到是什么吧？

青年：……谴责"可恶的他人"，倾诉"可怜的自己"。嗯，也可以这么说吧……

哲人：但是，我们应该谈的并不是这种事情。无论你怎么谴责"可恶的他人"、倾诉"可怜的自己"，也无论能够得到别人多么充分的理解，即使可以获得一时的安慰，也解决不了本质问题。

青年：那该怎么办呢？！

哲人：三棱柱被遮挡住的另一面，你认为这里写的会是什么呢？

青年：哎呀，别故弄玄虚了！快给我看看！

哲人：好吧。上面写的是什么，请你大声读出来。

哲人拿出了折成三棱柱形状的纸。从青年所在的位置只能看到三面中的两个面。上面分别写着"可恶的他人"和"可怜的自己"。据哲人讲，苦恼不堪的人所倾诉的归根结底就这两种。并且，哲人用他那纤细的手指缓缓地转动了一下三棱柱，露出了最后一个面上写的字，那上面写的话对青年来说简直是刺入肺腑。

阿德勒心理学中并无"魔法"

青年：……

哲人：来，请你读出来！

青年："以后怎么做？"

哲人：是的，我们应该谈论的正是这一点"以后怎么做？"。既不需要"可恶的他人"，也不需要"可怜的自己"。无论你再怎么大声倾诉这两点，我都会置若罔闻。

青年：您……您太无情了！

哲人：我并非因为冷漠而置若罔闻，**是因为这些事情不值得谈论，所以才置若罔闻**。的确，假如我听他倾诉"可恶的他人"和"可怜的自己"，然后再随声附和地说些"那一定很痛苦吧"或者"你根本没有错"之类的安慰话，对方也许会得到一时的慰藉，也许会产生一种"接受心理辅导真好"或者"和这个人交谈真好"之类的满足感。

但是，这之后的每一天又会发生什么变化呢？倘若再次受伤还会想要寻求治疗。最终这不就成了一种依赖了吗？正因为如此，阿德勒心理学要谈论的是"以后怎么做"。

青年：但是，如果要认真思考"以后"的话，还是得先了解作为前提的"以前"吧！

哲人：不需要。你现在就在我眼前。**了解"眼前的你"就已经足够了**，而且，原则上来说我也无法了解"过去的你"。我再重复一遍，过去根本不存在，你所说的过去只不过是由"现在的你"巧妙编纂出来的故事而已。请你理解这一点。

青年：不对！您这只不过在强词夺理地指责别人的诉苦！这种做法是不承认也不愿接受人性的弱点，是在强迫别人接受傲慢的强者理论！

哲人：并非如此。例如，我们心理咨询师一般会把这个三棱柱递给来访者。并告诉他们："谈什么都可以，所以请把接下来要谈的内容的正面展示给我。"然后，**很多人都是自己选择"以后怎么做"这一面，并开始思考相关内容。**

青年：自己选择？

哲人：另一方面，在其他流派的心理咨询中也有不少人采用冲击疗法式的手段，也就是通过不断地追溯过去，故意刺激患者令其感情爆发。但是，事实上根本没有必要这么做。

我们既不是魔术师也不是魔法师。我再强调一次，阿德勒心理学中并无"魔法"。它不是神秘的魔法，而是**具有建设性和科学性并基于对人的尊重的一种理解人性的心理学**，这就是阿德勒心理学。

青年：……呵呵呵，您又使用了"科学性"这个词吧？

哲人：是的。

青年：好吧，我暂且接受，这个词我现在就先暂且接受。那么我们接下来好好谈一谈对于我来说最大的问题——"以后"，也就是教育者的明天吧！

第二章　为何要否定"赏罚"

　　与哲人的对话没那么容易完结。这一点青年也很清楚。特别是涉及抽象辩论的时候，这位"苏格拉底"可是相当不好对付。但是，青年似乎已经成竹在胸，那就是尽快脱离这个书房，将辩论引到教室之中，提出一些俗世的现实问题。我并不想胡乱地批判阿德勒思想，因为它是一种过于脱离现实的空论，所以我要把它拽到人们生活的现实世界来。这样想着，青年拉了拉椅子并深深地吸了一口气。

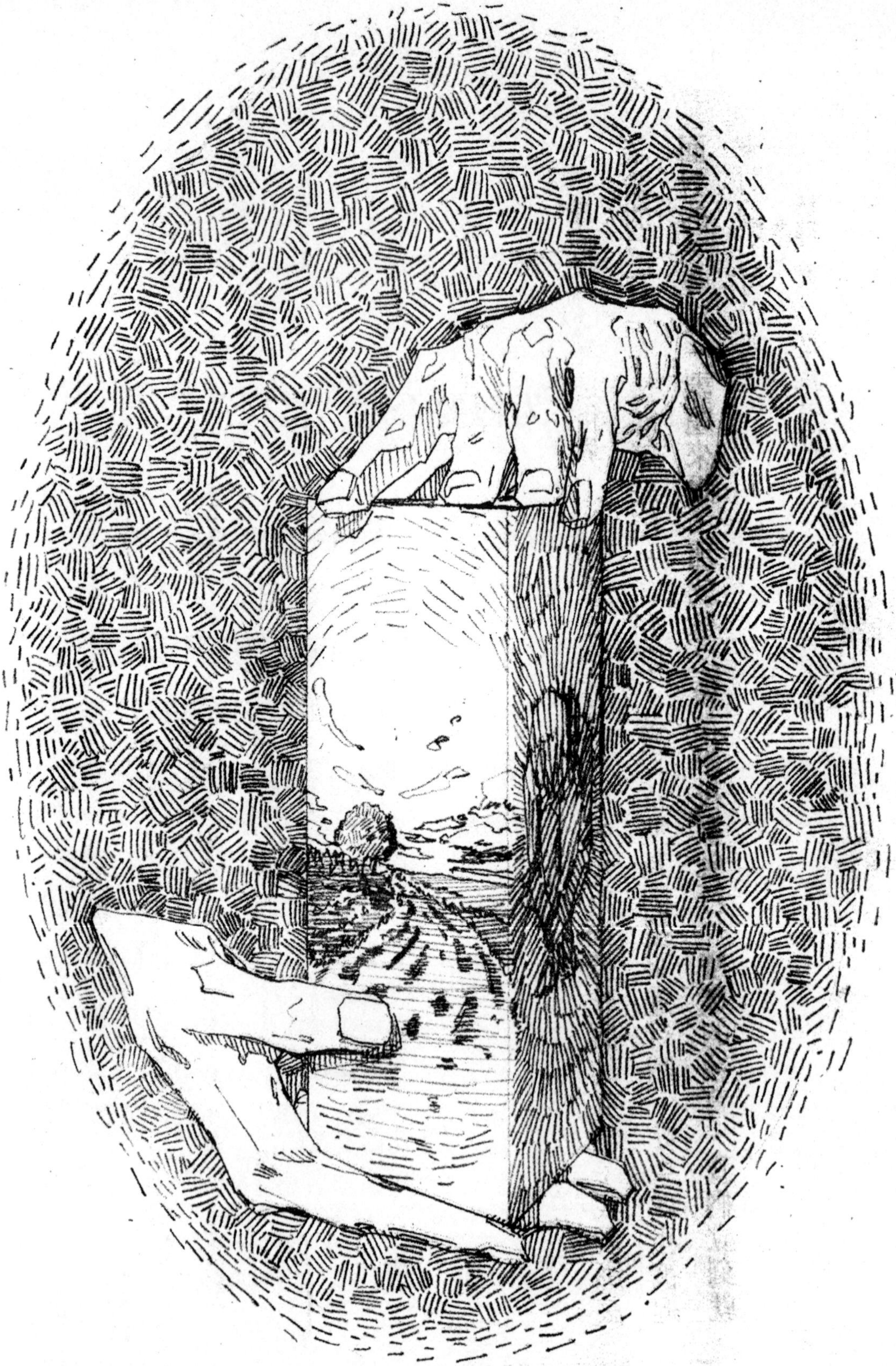

教室是一个民主国家

青年：这个世界上根本不存在过去，不可以沉溺于"悲剧"之劣酒，我们应该探讨的仅仅是"以后怎么做"；好吧，就以这些为前提进行咱们的谈话。要说摆在我面前的"以后"的课题，那就是在学校实践什么样的教育，咱们直接谈正题，好吗？

哲人：当然。

青年：好的。您刚才说具体性的第一步应该"从尊重开始"，对吧？那我要问一问，您的意思是说只要将尊重引入班级一切问题都可以得到解决吗？也就是说，只要有了尊重，学生们就不会再发生任何问题？

哲人：仅仅如此还不行。问题还会发生。

青年：如果是这样的话，那还是必须批评吧？因为他们这些问题学生做了坏事，也打扰到了其他同学。

哲人：不，不可以批评。

青年：那么，您是说就这么放任他们胡作非为？这不就等于说"不要抓小偷"或者"不要惩罚小偷"吗？难道阿德勒会承认这种无法无天的行为？

哲人：阿德勒思想并非无视法律或规则。不过，**这里的规则必须通过民主程序制定出来**。这一点无论是对于整个社会还是对于班级管理都非常重要。

青年：民主程序？

哲人：是的，**把你的班级看作一个民主国家**。

青年：哦，什么意思呢？

哲人：民主国家的"主权"在国民那里吧？这就是"国民主权"或者"主权在民"原则。作为主权者的国民根据彼此达成的协议制定各种各样的规则，并且这些规则适用于全体国民、一律平等。正因为如此，所以人人都能够遵守规则。不是被动地服从规则，而是可以做到更加主动地去守护"我们的规则"。

另一方面，如果规则不是按照国民意志制定，而是由某个人独断专行地决定，并且执行起来还非常不平等，那情况又会怎样呢？

青年：那样的话，国民也不会善罢甘休吧！

哲人：为了防止反抗，执政者只好行使一些有形无形的"力量"。这种情况不仅仅限于国家，企业亦是如此，家庭也一样。在靠"力量"控制的组织中，从根本上就存在着"不合理"。

青年：嗯，的确如此。

哲人：班级也是如此。**班级的主权不属于教师而是属于学生们**。并且，班级规则必须根据学生们的协商制定。首先要从这一原则开始。

青年：您依然是爱把问题复杂化。总之，您的意思也就是说要认可学生自治吧？当然，学校也有一定的自治制度，比如学生会之类的组织。

哲人：不，我说的是更根源的事情。例如，把班级看作一个国家的时候，学生们就是"国民"吧？倘若如此，教师的角色又是什么呢？

青年：哎呀，假如学生们是国民的话，教师就是统领他们的领导、首相或者总统之类的吧？

哲人：这就奇怪了。你是学生们通过选举选出来的吗？如果未经选举就自命为总统，那就不是民主国家，而是独裁国家。

青年：哎呀，道理是这个道理。

哲人：我并不是在讲道理而是在摆事实。班级不是由教师统治的独裁国家，班级是一个民主国家，每一位学生都是掌权者。忘记这一原则的教师会不知不觉地陷入独裁之中。

青年：哈哈，您是说我沾染了法西斯主义？

哲人：坦率地说是这样。你的班级秩序混乱并不是学生个人的问题，也有你作为教师资质不够的原因。正因为是腐败的独裁国家，所以才会秩序混乱，独裁者掌控的组织根本无法避免腐败。

青年：请不要找碴儿！你这么吹毛求疵到底有什么依据？！

哲人：依据非常清楚，就是你不断强调其重要性的"**赏罚**"。

青年：什么？！

哲人：你想谈谈这个话题吧？表扬和批评。

青年：……真有意思。那我就从这里向您发起挑战！关于教育，特别是教室里的事情，我可是实践经验非常充分的人，我一定要让您收回刚才那种非常失礼的评判！

哲人：好的，那就让我们好好谈谈吧。

既不可以批评也不可以表扬

青年：阿德勒禁止赏罚，他强调**既不可以批评也不可以表扬**，为什么会有如此不合道理的主张呢？阿德勒究竟知不知道理想和现实之间有多大的距离？这些问题我很想知道。

哲人：的确如此。我再确认一下，你认为批评和表扬都很有必要，对吧？

青年：当然。即使被学生们讨厌也必须批评，做错的事情必须加以纠正。我首先想听一听您对"批评"的看法。

哲人：明白了。为什么不可以批评人呢？这需要分情况来看。首先，孩子做了某种不好的事情、危险的事情或者对他人危险的事情，甚至是接近犯罪的事情，他为什么要这么做呢？此时要想到一种可能性，那就是"他并不知道这是不好的事情"。

青年：不知道？

哲人：是的，讲讲我自己的事情吧。小时候，我无论到哪里都带着放大镜，见到昆虫观察，见到植物也观察，每天都尽情地观察肉眼看不到的世界，简直就像一个昆虫博士一样埋头观察。

青年：很好啊，我也有过这样的时期。

哲人：但是，不久我就发现了放大镜另一个全新的用途。用它把光聚焦到黑色的纸上，纸竟然冒起烟来，很快又开始燃烧。在魔术一样的科学力量面前，我激动不已，似乎放大镜也不再仅仅是放大镜了。

青年：这不是很好的事情吗？比起趴在地上观察昆虫，发现了更大的兴趣所在。以小小的放大镜为切入口，尽情领略太阳的力量甚至感受到宇宙的浩瀚，这正是科学少年的第一步啊。

哲人：某个炎热的夏天，我又像刚刚说的那样烧黑纸玩。我像往常一样在地上放了一张黑色的纸，然后用放大镜聚光。就在此时，一只蚂蚁爬了过来，那是一只浑身裹着乌黑的坚固铠甲的大蚂蚁。已经玩腻了黑色纸的我用放大镜对蚂蚁做了什么呢？……就不用我再说了吧。

青年：……明白了。哎呀，孩子本来就很残忍。

哲人：是的。孩子们常常在玩耍时表现出这种类似杀死昆虫的残忍。但是，孩子们是真的那么残忍吗？比如说，孩子们心中是否隐藏着弗洛伊德所说的"攻击冲动"之类的东西呢？我认为不是。孩子们不是残忍，**只是"不知道"**生命的价值和他人的痛苦。

倘若如此，大人们应该做的就只有一件事情：如果不知道，就要教给他。并且，在教的时候不需要责备性的语言。请不要忘记这个原则。因为那个人并不是在故意做坏事，只是不知道而已。

青年：您的意思是说不是攻击性或者残忍，只是无知惹的祸？

哲人：在铁路轨道上玩的孩子也许并不知道这样做很危险，在公共场合大声喧哗的孩子也许并不知道这样做会打扰别人。其他任何事情，我们都要从某人"不知道"这一点开始思考。对由于"不知道"造成的错误加以苛责你不觉得很不合理吗？

青年：哎呀，如果真是不知道的话……

哲人：我们这些大人需要做的不是斥责而是教导。既不感情用事也不大声吼叫，而是用理性的语言去教导。你也并不是做不到这一点。

青年：就现在这个事例来看，也许是这样。因为就先生而言，您并不愿意承认杀死蚂蚁的自己有多残忍！但是，我还是无法接受，简直就像是粘在喉咙里的麦芽糖，您对人的理解实在是过于天真了。

哲人：过于天真？

青年：幼儿园的孩子姑且不论，小学生甚至初中生的话，他们可都是明明"知道"还去做。什么事情不可以做，什么事情不道德，他们早就知道，可以说他们是**明知故犯**。对于这种错误，就必须给予严厉惩罚。请您尽快抛弃这种把孩子们当作纯真无邪的天使的老年人思考习惯！

哲人：的确，有很多孩子是虽然知道那样做不对，但还是陷入了问题行为之中，也许大部分问题行为都是如此。但是，你不觉得这很不可思议吗？他们不仅知道这样做不对，而且还明白这样做会被父母或老师责骂，尽管如此还是陷入问题行为，这太不合道理了吧。

青年：很简单，总而言之就是因为他们在行动之前没有冷静地思考。

哲人：果真如此吗？难道你不觉得**还有更加深层的心理动机吗**？

青年：明知会被责骂还是去做？被责骂之后有的还会哭？

哲人：考虑这种可能性很有必要，现代阿德勒心理学认为，**人的问题行为背后的心理可以分为五个阶段来考虑。**

青年：哎呀，说得越来越像心理学了。

哲人：如果理解了"问题行为的五个阶段"，也就知道批评究竟对不对了。

青年：我要问一问。先生您对孩子到底了解多少？又对教育现场了解多少？其实我一眼就能看清楚！

哲人的话毫无道理！青年心中充满愤怒。班级是一个小型的民主国家，并且，班级的掌权者是学生们，这些都还可以。但是，为什么"不需要赏罚"呢？如果班级是一个国家，难道这里就不需要法律吗？并且，如果有人破坏法律秩序犯下罪行，难道就不需要惩罚吗？青年在笔记本上写下"问题行为五阶段"，然后微微一笑。阿德勒心理学究竟是可以通用于现实世界的学问还是纸上谈兵？很快就要一见分晓。

问题行为的"目的"是什么

哲人：为什么孩子们会陷入问题行为呢？阿德勒心理学关注的是**其背后隐藏的"目的"**。也就是，孩子们——其实也不仅仅限于孩子——抱着什么样的目的做出一些问题行为，这分五个阶段来考虑。

青年：五个阶段是逐步上升的意思吧？

哲人：是的。并且，人的问题行为全都处于这五个阶段之中。所以，应该在问题行为尚未进一步恶化之时，尽早地采取措施。

青年：好的。那么，请您从第一个阶段讲起吧。

哲人：问题行为的第一个阶段是"**称赞的要求**"。

青年：称赞的要求？也就是"请表扬我！"吗？

哲人：是的。面对父母或教师，抑或其他人，扮演"好孩子"。如果是在单位上班的人，就在上司或前辈面前尽力表现出干劲和顺从，他们想要借此得到表扬。

青年：这不是好事吗？不给任何人添麻烦，积极致力于生产性活动，也有益于他人。这里根本找不出任何问题啊。

哲人：的确，作为个别行为来考虑的话，他们似乎是不存在任何问题的"好孩子"或者"优等生"。实际上，孩子们认真学习、积极运动，员工努力工作，旁人看了本来也会想要表扬。

但是，这里面其实有一个很大的陷阱。**他们的目的始终只是"获得表扬"**，进一步说就是"在共同体中取得特权地位"。

青年：哈哈，您是说因为动机不纯所以不能认可吗？您真是天真的哲学家。即使目的是"获得表扬"，但只要结果是努力学习，这就是没有任何问题的好学生啊!

哲人：那么，对于他们的付出，父母或教师、上司或同事没有给予任何表扬的话，你认为事情会怎样呢？

青年：……不满，甚至还会气愤吧。

哲人：是的。**他们并不是在做"好事"，只不过是在做"能获得表扬的事"**。并且，倘若得不到任何人的表扬和关注，这种努力就没有任何意义。如此一来，很快就会失去积极性。

他们的生活方式（世界观）就是"如果没人表扬就不干好事"或者是"如果没人惩罚就干坏事"。

青年：哎呀，也许是吧……。

哲人：并且，这个阶段还有一个特征，那就是，只因为想要成为周围人期待的"好孩子"，就去做一些作弊或者伪装之类的不良行为。教育者或领导不能只关注他们的"行为"，还必须看清其"目的"。

青年：但是，此时如果不给予表扬的话，他们就会失去干劲，变成无所作为的孩子，有时甚至会成为做出不良行为的孩子吧？

哲人：不。应该通过表示"尊重"的方式让他们明白即使不"特别"也有价值。

青年：具体怎么做呢？

哲人：不是在他们做了"好事"的时候去关注，而是去关注他们日常生活中细微的言行。而且还要关注其"兴趣"，并产生共鸣。仅此而已。

青年：啊，又回到这一点上来了吗？还是觉得把这一条算作问题行为有些不合适啊。好吧，先这样吧。那第二个阶段呢？

哲人：问题行为的第二个阶段是"**引起关注**"。

青年：引起关注？

哲人：好不容易做了"好事"却并未获得表扬，也没能够在班级中取得特权地位，或者原本就没有足够的勇气或耐性完成"能获得表扬的事"。此时，**人就会想，"得不到表扬也没关系，反正我要与众不同。"**

青年：即使通过做坏事或者会被责骂的事？

哲人：是的。他们已经不再想要获得表扬了，只是考虑如何才能与众不同。不过，需要注意的一点是，处于这个阶段的孩子们的行为原理不是"办坏事"，而是"与众不同"。

青年：与众不同之后干什么呢？

哲人：想要在班级取得特权地位，想要在自己所属的共同体中获得明确的"位置"，这才是他们真正目的所在。

青年：也就是说，通过学业之类正面进攻不顺利，所以就想要通过其他手段成为"特别的我"。不是作为"好孩子"变得特别，而是作为"坏孩子"来达到这一目的。以此来确保自己的位置。

哲人：正是如此。

青年：是啊，那个年纪的时候，有时也会成为"坏孩子"而低人一等。那么，具体来讲这样怎么能与众不同呢？

哲人：积极的孩子会通过破坏社会或学校的小规则，也就是**通过"恶作剧"来博取关注**。比如上课捣乱、捉弄老师、纠缠不休等。他们绝不会真正地触怒大人们，班级里逗笑的人也有不少会得到老师或朋友的喜爱。

另外，消极的孩子们会表现出学习能力极其低下、丢三落四、爱哭等一些行为特征，希望以此来获得关注。也就是**企图通过扮演无能来引起关注、获得特别的地位**。

青年：但是，扰乱课堂或者丢三落四之类的行为会受到严厉批评吧，即使被批评也没关系吗？

哲人：比起自己的存在被无视，**被批评要好得多**。即使通过被批评的形式也想自己的存在被认可并取得特别地位，这就是他们的愿望。

青年：哎呀呀，真麻烦哪！好复杂的心理啊。

哲人：不，处于第二个阶段的孩子们其实活得很简单，也不太难对付。我们只需要通过"尊重"的方式告诉他们，其本身就很有价值，并不需要非常特别。难处理的是第三个阶段之后的情况。

青年：哦，是什么呢？

憎恶我吧！抛弃我吧！

哲人：在问题行为的第三个阶段，目的发展为"**权力争斗**"。

青年：权力争斗？

哲人：不服从任何人，反复挑衅，发起挑战，企图通过挑战胜利来炫耀自己的"力量"，并以此获得特权地位。这是相当厉害的一个阶段。

青年：挑战是指什么？莫非是上去打对方？

哲人：简而言之就是"**反抗**"。用脏话来谩骂、挑衅父母或老师，有的脾气暴躁、行为粗鲁，有些甚至去抽烟、偷盗，满不在乎地破坏规则。

青年：这不是问题儿童吗？！是的，我对这样的孩子简直是束手无策。

哲人：另一方面，消极的孩子们会通过"**不顺从**"来发起权力争斗，无论再怎么被严加训斥依然拒绝学习知识或者技能，坚决无视大人们的话。他们也并非特别不想学习或者认为学习没必要，只是想通过坚决不顺从来证明自己的"力量"。

青年：啊，仅仅想象一下就生气！对这样的问题儿童只能严加训斥吧！实际上，因为他们肆意破坏规则，甚至都想揍他们一顿。如若不然，那就等于是认可他们的恶行。

哲人：是的。很多父母或老师此时都会拿起"愤怒球拍"打过去"斥责之球"。但是，这样做就上了他们的当，只能是"和对方站在同一个球场上"。他们会兴高采烈地打回下一个"反抗之球"，并在心中窃喜自己发起的连续对打拉开了帷幕。

青年：那么，您说该怎么办呢？

哲人：如果是触犯了法律的问题就需要依法处理。但是，当发现不涉及法律问题的权力争斗时，**一定要立即退出他们的"球场"**。首先应该做的事情仅此而已。请一定要清楚一点，斥责自不必说，即使表现出生气的表情也等于站在了权力争斗的球场之上。

青年：但是，站在眼前的可是干了坏事的学生，怎么能不生气啊？！放任不管的话，那还是教育者吗？

哲人：合理的解释只有一种，不过我们最好在讲完五个阶段之后再一起考虑。

青年：哎呀，太令人生气啦！下一个阶段是什么呢？

哲人：问题行为的第四个阶段就是"**复仇**"阶段。

青年：复仇？

哲人：下定决心挑起了权力争斗却并未成功，既没有取得胜利也没有获得特权地位，没能得到对方的回应，败兴而退。像这样战败的人一旦退下阵去就会策划"复仇"。

青年：向谁复仇？复什么仇？

哲人：**向没有认可这个无可替代的"我"的人复仇，向不爱"我"的人复仇，进行爱的复仇。**

青年：爱的复仇？

哲人：请你想一下，称赞的要求、引起关注以及权力争斗，这些都是"希望更加尊重我"的渴望爱的心情的体现。但是，当发现这种爱的欲望无法实现的时候，人就会转而**寻求"憎恶"**。

青年：为什么？寻求憎恶的目的是什么呢？

哲人：已经知道对方不会爱我，既然如此，那就索性憎恶我吧，在憎恶的感情中关注我。就是这么一种心理。

青年：……他们的愿望就是被憎恶吗？

哲人：是的。比如那些在第三阶段反抗父母或老师，发起"权力争斗"的孩子们，他们有可能成为班级中了不起的英雄，挑战权威、挑战大人的勇气受到同学称赞。

但是，进入"复仇"阶段的孩子们不会受到任何人的称赞。父母或老师自不必说，甚至也会被同学憎恶、害怕，进而渐渐陷入孤立之境。即使如此，他们依然想要通过"被憎恶"这一点与大家建立联系。

青年：既然如此，依旧采取无视态度就可以了！只要切断憎恶这个切入点就可以了！对，如此一来，"复仇"也就不会成立。这样一来，他们就会想一些更加正经的做法，没错吧？

哲人：按道理来讲也许如此。但是，实际上要容忍他们的行为会很难吧。

青年：为什么？您是说我没有那种耐性？

哲人：例如，处于"权力争斗"阶段的孩子们是堂堂正正地进行挑战，即使夹杂着粗话的挑战，也是伴随着他们认为的正义的直接行为。正因为如此，有时还会被同学视为英雄。如果是这样的挑战，还有可能冷静处理。

另一方面，进入复仇阶段的孩子们并不选择正面作战。他们的目标不是"坏事"，而是**反复做"对方讨厌的事"**。

青年：……具体讲呢？

哲人：简单说来，所谓的跟踪狂行为就是典型的复仇，是针对不爱自己的人进行的爱的复仇。那些跟踪狂们十分清楚对方很讨厌自己的这种行为。也知道根本不可能借此发展什么良好关系。即使如此，他们依然企图通过"憎恶"或者"嫌弃"来想办法建立某种联系。

青年：这都是些什么荒唐想法啊？！

哲人：还有，自残行为或者自闭症在阿德勒心理学看来也是"复仇"

的一环，他们是通过伤害自己或者贬损自己的价值来控诉"**我变成这样都是你的错**"。当然，父母会十分担心并且万分痛心。如此一来，对孩子们来说，复仇就成功了。

青年：……这不已经属于精神科的领域了吗？！其他还有什么？

哲人：暴力或粗话逐步升级就不用说了，甚至有不少孩子加入不良团伙或反社会势力参与犯罪。另外，消极的孩子则会变得异常肮脏或者是沉溺于一些令周围人极其反感的怪异癖好等。总之，复仇手段多种多样。

青年：面对这样的孩子，我们该怎么办呢？

哲人：如果你的班里出了这样的学生，那么你能做的事根本没有。他们的目的就是"向你复仇"，你越想插手去管，他们就越认为找到了复仇的机会，继而进一步升级不良言行。这种情况下只能求助于完全没有利害关系的第三方，也就是说只能依靠其他教师或者是学校以外的人，比如我们这样的专业人员。

青年：……但是，假如这个是第四阶段的话，那还会继续恶化吧？

哲人：是的，还有比复仇更麻烦的最后一个阶段。

青年：……您请讲。

哲人：问题行为的第五个阶段就是"**证明无能**"。

青年：证明无能？

哲人：是的，在这里请您试着把它当成自己的事情来考虑。为了被人当成"特别的存在"来对待，之前可谓想方设法、绞尽脑汁，但都没有成功。父母、老师、同学，大家对自己甚至连憎恶的感情都没有。无论是班级里还是家庭中，都找不到自己的位置……如果是你，你会怎么做？

青年：应该会马上放弃吧，因为无论做什么也得不到认可，那就会不再做任何努力吧。

哲人：但是，父母或老师依然大力劝说你好好学习，而且关于你在学校的表现及朋友关系，他们也事事介入。当然，他们这都是为了帮助你。

青年：真是多余的关心啊！这些事如果能做到的话，我早就去做了。真希望他们不要什么都管啊！

哲人：你这种想法得不到理解，周围的人都希望你能更加努力，他们认为只要去做就能办到，希望通过自己的督促来让你有所改变。

青年：可对我来说，这种期待是一种很大的麻烦！真希望能够解放出来。

哲人：……是的，正是"不要再对我有所期待"这样的想法导致了"证明无能"行为的产生。

青年：也就是告诉周围的人"因为我很无能，所以不要再对我有所期待"？

哲人：是的，对人生绝望，打心底里厌恶自己，认为自己一无是处。并且，为了避免再次体会这种绝望就去逃避一切课题。向周围人表明，"因为我如此无能，所以不要给我任何课题，我根本没有解决这些问题的能力。"

青年：为了不再受伤？

哲人：是的。与其认为"也许能办到"而致力其中结果却失败，**还不如一开始就认定"不可能办到"而放弃更加轻松**。因为这样做不用担心再次受到打击。

青年：……哎，哎呀，心情倒是可以理解。

哲人：所以，他们就会**想尽办法证明自己有多么无能**。赤裸裸地装傻，对什么都不感兴趣，再简单的课题也不愿去做。不久，连他们自己都深信"自己是个傻瓜"。

青年： 的确有的学生会说"因为我是个傻瓜"。

哲人： 倘若能够通过语言表达出来，那应该还只是自嘲。真正进入第五个阶段的孩子们在装傻的过程中有时甚至会被怀疑患了精神疾病。他们往往主动放弃一切，不去从事任何课题也不对事物做任何思考。并且，他们总是厌世性地拒绝一切课题和周围人的期待。

青年： 如何与这样的孩子接触呢？

哲人： 他们的愿望就是"不要对我有任何期待"或者"不要管我"，进一步说也就是"请放弃我"。父母或老师越想插手去管，他们就越会用更加极端的方式"证明无能"。遗憾的是你根本束手无策，或许只能求助于专家。但是，帮助那些已经开始证明无能的孩子们，这对于专家来说也是相当困难的任务。

青年： ……我们教育者能做的事情实在太少了。

哲人： 不，大部分问题行为仅仅处于第三阶段的"权力争斗"。在防止问题行为进一步恶化这方面，**教育者的作用非常大。**

有"罚"便无"罪"吗？

青年：问题行为的五个阶段的确是很有意思的分析。首先是寻求称赞，接着是引起关注，如果这些都无法实现则挑起权力争斗，然后又发展为恶劣的复仇，最终阶段则是证明自己无能。

哲人：并且，这一切都根源于一个目的——"归属感"，也就是"确保自己在共同体中的特别地位"。

青年：是的，非常符合阿德勒心理学以人际关系为中心的理论，关于这个分类我认可。

但是，您忘记了吗？我们应该讨论的话题是"批评"的对与错吧？总之，我已经实践了阿德勒式的"不批评教育"。无论发生什么事都不批评，只是等着他们自我觉悟。结果，教室里成了什么样呢？没有任何规矩，简直就像是动物园！

哲人：所以你就决定进行批评。批评改变了什么吗？

青年：一片混乱的时候大声呵斥，当场会安静下来。或者是有学生忘记做作业的时候，批评之后倒也流露出反省的表情。但是，归根结底只是当场有些作用而已，过不了多久，他们又开始捣乱，又开始不做作业。

哲人：你认为这是为什么呢？

青年：都怪阿德勒！最初决定"不批评"就是一个错误的决定。刚开始对他们和颜悦色，不管做什么都表示认可，所以，才会被他们小瞧，认为"那家伙没什么可怕的"或者是"不管做什么他都不管"！

哲人：如果一开始就进行批评，情况则不会如此吗？

青年：当然，这是最令我后悔的一点。任何事开始很重要，明年如果再接了其他班级,我要从第一天起就严加批评。

哲人:你的同事或者前辈中应该也有非常严厉的人吧?

青年:是的,有好几位老师虽然没有到体罚的程度,但经常训斥或者用严厉的语言教导学生,在学生面前彻底扮黑脸,彻底履行教师的职责。某种意义上,他们可谓是专业典范。

哲人:多奇怪啊!为什么这些老师"总是"发火呢?

青年:因为学生们做坏事啊。

哲人:哎呀,如果"批评"这种手段在教育上有效的话,那么最多是开始的时候批评几次,之后问题行为应该不会再发生才对。为什么会"总是"发火呢?为什么需要"总是"黑着脸,"总是"大声训斥呢?你不觉得不可思议吗?

青年:……那些孩子们可没有那么听话!

哲人:不是的。**这最好地证明了"批评"这一手段在教育上没有任何效果**。即使明年你从一开始就严加批评,情况也不会与现在有什么不同。甚至也许会更糟。

青年:更糟?!

哲人:刚才你也已经明白了吧。他们的问题行为甚至已经包含了"被你批评"。也就是说,**被斥责正是他们希望的事情**。

青年:您是说他们希望被老师训斥,被训斥之后很高兴?!哈哈,这不是受虐狂嘛。先生您开玩笑也要有个度啊!

哲人:没有人被训斥之后会开心。但是,会有一种"自己做了'被训斥的特别的事情'"之类的英雄成就感。通过被训斥,他们能够证明自己是特别的存在。

青年:不,这首先应该是法律和秩序问题,而不仅仅是人的心理问题。眼前有人做了坏事,不管他是出于什么目的,首先是破坏了规则,对其进行处罚是理所当然的事情。否则，公共秩序就无法得以维护。

哲人：你是说批评是为了维护法律和秩序？

青年：是的。我并不是喜欢批评学生，也不是愿意惩罚他们。当然了，谁会喜欢这种事呢？但是，惩罚是必要的。一是为了维护法律和秩序，另外也是对犯罪的一种抑制力。

哲人：抑制力是指什么？

青年：例如，比赛中的拳击手无论处于什么样的劣势都不可以踢对方选手或者将其猛摔出去，因为如果这样做就会马上被取消参赛资格，取消参赛资格这一重大"惩罚"就会作为违规行为的抑制力而发挥作用。倘若"惩罚"措施含混不清，则无法发挥其抑制力，拳击比赛也就无法进行。惩罚是对犯规的唯一抑制力。

哲人：很有趣的例子。那么，如此重要的惩罚也就是你的斥责为何没有在教育现场发挥其抑制力呢？

青年：见解多种多样。有些老教师甚至很怀念允许体罚的年代，也就是说，他们认为是因为时代变了，惩罚变轻了，所以才失去了其抑制力的功能。

哲人：明白了。那么，我们再进一步探讨一下为什么"批评"会在教育上失去其有效性。

哲人所说的"问题行为五阶段"，其内容准确把握了人类心理，而且也揭示了阿德勒思想本质。但是，青年也有自己的想法：我是管理班级的唯一成年人，必须教给学生们社会人的行为规范。也就是说，如果不对犯错者进行惩罚，这里的"社会"秩序就会崩塌。我不是靠理论忽悠人的哲学家，而是必须对孩子们的明天负责的教育者。这个男人根本不明白生活在现实世界的人责任之重大！

以"暴力"为名的交流

青年：那么，我们从哪里开始呢？

哲人：假设你的班级里发生了暴力事件，琐碎的口角之争演变成了拳脚相向的斗殴事件，你会如何处置这两个学生呢？

青年：如果是这种情况，那我就不会大声斥责了，而是冷静地听一听双方的说法。首先让双方都平静下来，然后再慢慢询问，比如"为什么吵架"或者"为何会打起来"等。

哲人：学生们会怎么回答呢？

青年：哎呀，无非是"因为他说了这样的话，所以我才会生气"或者"他对我做得太过分了"之类的理由吧。

哲人：那你接下来又会怎么做呢？

青年：听听双方的说法，看看是谁的错，然后让有错的一方向另一方道歉。不过，几乎所有的争吵都是双方都有错，所以就让他们互相道歉。

哲人：双方都能接受吗？

青年：一般都会各执己见。不过，经过一番劝说，往往都能认识到"自己也有错"并答应道歉。这就是所谓的"各打五十大板"吧。

哲人：的确如此。那么，假设你的手上拿着刚才的三棱柱。

青年：三棱柱？

哲人：是的。一面写着"可恶的他人"，另一面写着"可怜的自己"，最后一面写着"以后怎么做"。就像我们心理咨询师使用的三棱柱一样，你在听学生们说吵架理由的时候脑子里也想象着三棱柱。

第二章　为何要否定"赏罚"

青年：……什么意思呢？

哲人：学生们所说的"因为他说这样的话，所以我才会生气"或者"他对我做得太过分了"之类的吵架理由，如果用三棱柱对其进行分析的话，是不是最终都是"可恶的他人"和"可怜的自己"呢？

青年：……是的，哎呀。

哲人：你只问学生们"原因"，无论怎么挖掘，都无非是一些推卸责任的辩解之词。你应该做的是关注他们的"目的"，与他们一起思考"以后怎么做"。

青年：吵架的目的？而不是原因？

哲人：咱们按顺序来解释一下。首先，通常我们是要通过语言进行交流吧？

青年：是的，就像我现在正在和先生交谈一样。

哲人：还有，交流的目的、目标是什么呢？

青年：意思传达，表达自己的想法吧。

哲人：不对，"传达"只不过是交流的入口，最终目标是达成协议。如果仅仅是传达，那没有任何意义，只有在传达的内容被理解并达成一定协议的时候，交流才有意义。你我在此交谈的目标也是达成某种一致见解。

青年：哎呀，这可是相当耗费时间啊！

哲人：是的，通过语言进行的交流要达成一致意见需要花费相当多的时间和精力。仅仅是自以为是的要求根本行不通，还需要准备一些客观数据之类具有说服力的材料。并且，虽然耗费的成本很高，但速度和可靠性相当低。

青年：正如您所说，我都有些厌烦了。

哲人：所以，厌烦了争论的人或者在争论中无望获胜的人会怎么做呢？你知道吗？

青年：哎呀，应该会撤退吧？

哲人：**他们最后选择的交流手段往往是暴力。**

青年：哈哈，真有意思！会发展到这一步吗？！

哲人：如果诉诸暴力，不需要花费时间和精力就可以推行自己的要求，说得更直接一些就是能够令对方屈服。**暴力始终是成本低、廉价的交流手段**。在讨论道德是否允许之前，首先不得不说它是人类非常不成熟的行为。

青年：您的意思是说不认可它并不是基于道德观点，而是因为它属于不成熟的愚蠢行为？

哲人：是的。道德标准往往会随着时代或情况而发生变化，仅仅靠道德标准去评判他人，这很危险，因为过去也有崇尚暴力的时代。那么，究竟该怎么做呢？还得回到我们人类必须从不成熟的状态中慢慢成长这一原点上。绝不可以依靠暴力这种不成熟的交流手段，必须摸索出其他的交流方式。作为暴力"原因"被列举出来的对方说了什么或者是态度如何具有挑衅性，事实上根本没有任何意义。暴力的"目的"只有一个，应该考虑的是"以后怎么做"。

青年：的确，这真是对暴力很有意思的洞察。

哲人：你怎么可以像是在说他人的事情一样呢？现在说的事也可以说是在说你自己。

青年：不不，我根本不使用暴力。请您不要莫名其妙地找碴！

发怒和训斥同义

哲人：与某人争辩，情况变得越来越不妙，自己处于劣势之中，或者是发觉一开始自己的主张就不合理。

在这种情况下，有的人即使不动用暴力，也会高声吼叫、拍打桌子或者是泪流满面等，他们想要借此来威逼对方进而推行自己的主张。这些行为也属于低成本的"暴力性"交流手段……你明白我想说什么吧？

青年：……真……真是太可恶了！你这是在嘲笑激动地大声喊叫的我不成熟吗？！

哲人：不，在这个房间里无论怎么大声喊叫都没有关系，我关心的是你所选择的"批评"行为。

你厌烦了用语言与学生们交流，继而想通过批评直截了当地令他们屈服。以发怒为武器，拿着责骂之枪，拔出权威之刀，这其实是作为教育者既不成熟又非常愚蠢的行为。

青年：不对！我并不是在对他们发怒，而是在批评他们！

哲人：很多成人都这样辩解。但是，企图通过行使暴力性的"力量"来控制对方这一事实根本不可能改变。自以为"我正在做好事"，这本身就可以说是性质恶劣。

青年：并非如此！发怒是感情爆发，无法进行冷静判断。从这个意义上来说，在批评学生的时候，我没有丝毫的感情用事！不是勃然大怒，而是谨慎冷静地进行批评。不要把我与那种忘我而冲动的人混为一谈！

哲人：也许如此吧，这就像是并未装上子弹的空膛枪。但是，在学生们看来，自己被枪口对着这一事实是一样的。无论里面装的是不是子弹，你都是一手拿着枪在进行交流。

青年：那么，我倒要问问。打个比方来讲，对方就好比是拿着刀站在你面前的凶犯，犯了罪，并且还向你发起冲突，是那种引起关注或者权力争斗之类的冲突。拿着枪进行的交流有什么不好呢？究竟该如何维护法律和秩序呢？

哲人：面对孩子们的问题行为，父母或教育者应该做什么呢？阿德勒说"**要放弃法官的立场**"。你并未被赋予裁判的特权，维护法律和秩序不是你的工作。

青年：那么，应该做什么呢？

哲人：你现在应该守护的既不是法律也不是秩序，而是"眼前的孩子"，出现了问题行为的孩子。**教育者就是心理咨询师，心理咨询就是"再教育"**。刚开始我就说过吧？心理咨询师端着枪也太奇怪了。

青年：但……但是……

哲人：包含斥责在内的"暴力"是一种暴露了人不成熟的交流方式。关于这一点，孩子们也十分清楚。遭到斥责的时候，除了对暴力行为的恐惧，**他们还会在无意识中洞察到"这个人很不成熟"**。

这是一个比大人们想象得更加严重的问题。你能够"尊重"一个不成熟的人吗？或者，从用暴力威慑自己的对方那里能够感受到被"尊重"吗？伴随着发怒或者暴力的交流中根本不存在尊重，而且还会招致蔑视。斥责不会带来本质性的改善，这是不言自明的道理。因此，阿德勒说"**发怒是使人和人之间变得疏远的感情**"。

青年：您是说我得不到学生的尊重，不仅如此，甚至还被蔑视？而且，这都是因为批评那些孩子们？！

哲人：很遗憾，的确如此。

第二章　为何要否定"赏罚"

青年：……并不了解现场的你知道什么？！

哲人：我不知道的事情很多。但是，你反复诉说的"现场"这种话总而言之就是"恶劣的他人"，以及被捉弄的"可怜的自己"。我并不认为它有什么讨论价值，所以，我根本充耳不闻。

青年：……啊！

哲人：如果你拥有面对自我的勇气并能够真正地去思考"以后怎么做"的话，那就能够有所进步。

青年：您是说我一直在辩解吧？

哲人：不，说是辩解并不准确，你是一味地关注"无法改变的事情"，感叹"所以不可能"。**不去执着于"无法改变的事情"，而是正视眼前的"可以改变的事情"**……你还记得吗？基督教广为传诵的"尼布尔的祈祷文"。

青年：是的，当然记得。"上帝，请赐予我平静，去接受我无法改变的。给予我勇气，去改变我能改变的；赐我智慧，分辨这两者的区别。"

哲人：仔细领会一下这段话之后，再想想"以后怎么做"。

自己的人生，可以由自己选择

青年：那么，假设我接受先生的提议，既不批评也不追问原因，而是问学生们"以后怎么做"。那情况会怎样呢？……根本不用想，他们说的话肯定是"再也不这么干了"或者"以后好好干"之类的口头反省。

哲人：强求一些反省的话，那没有任何作用。尽管如此，还是经常有人命令写道歉信或者检讨书，这些文书的目的仅仅是"获得原谅"，根本起不到反省作用。除了能够让命令写的人获得一定的自我满足之外也没有其他意义。并不是这些，在此要问的是对方的生活方式。

青年：生活方式？

哲人：我要介绍一段康德的话。关于自立，他是这么说的："人处于未成年状态不在于缺乏理智，而在于没有他人的教导就缺乏运用自己理智的决心和勇气。也就是说，人处于未成年状态是自己的责任。"

青年：……未成年状态？

哲人：是的，没有真正自立的状态。而且，他所使用的"理智"一词，我们可以理解为从理性到感性的一切"能力"。

青年：也就是说，我们并不是能力不够，而是缺乏运用能力的勇气，所以才无法摆脱未成年状态，是这个意思吗？

哲人：是的。并且他还进一步断言："一定要拿出运用自己理智的勇气！"

青年：哦，简直就像是阿德勒说的话嘛。

哲人：那么，为什么人要把自己置于"未成年状态"呢？说得更直接一些就是，人为什么要拒绝自立呢？你的看法是什么？

第二章　为何要否定"赏罚"

青年：……是因为胆怯吗？

哲人：也有这个原因。不过，请你再想一下康德的话。**我们按照"他人的教导"活着很轻松**，既不用思考难题又不用承担失败的责任，只要表示出一定的忠诚，一切麻烦事都会有人为我们承担。家庭或学校里的孩子们、在企业或机关工作的社会人、来进行心理咨询的来访者，一切都是如此吧？

青年：哎……哎呀……

哲人：并且，周围的大人们为了把孩子们置于"未成年状态"之中，想方设法灌输自立如何危险以及其中的种种风险及可怕。

青年：这么做是为了什么呢？

哲人：**为了让其处于自己的支配之下。**

青年：为何要做这样的事呢？

哲人：这需要你扪心自问一下，因为你也是在不自觉的情况下妨碍了学生们的自立。

青年：我？！

哲人：是的，没错。父母以及教育者往往对孩子们过于干涉、过于保护，结果就培养出了任何事都要等待他人指示的"自己什么也决定不了的孩子"。最终培养出的人即使年龄上成为大人，内心依然是个孩子，没有他们的指示什么也做不了。如此一来，根本谈不上什么自立。

青年：不，至少我很希望学生们自立！为什么要故意阻碍他们自立呢？！

哲人：难道你不明白吗？你很**害怕学生们自立。**

青年：为……为什么？！

哲人：一旦学生们自立之后与你站在平等的立场上，你的权威就会丧失。你现在与学生们之间建立的是"纵向关系"，并且你很害怕这种关系崩塌。不仅是教育者，很多父母也潜在地怀着这种恐惧。

青年：不……不是，我……

哲人：还有一点。孩子们遇到挫折的时候，特别是给他人带来麻烦的时候，你自然也会被追究责任。作为教育者的责任、作为监督者的责任、如果是父母那就是作为父母的责任。是这样吧？

青年：是的，那是当然。

哲人：如何才能回避这种责任呢？答案很简单，那就是**支配孩子**，不允许他们冒险，只让其走无灾无难、不会受伤的路，尽可能将其置于自己掌控之中。其实，这样做并不是担心孩子，**一切都是为了保全自身**。

青年：因为不想由于孩子们的失败而承担责任？

哲人：正是如此。因此，**处于教育者立场上的人以及负责组织运营的领导必须时时树立起"自立"目标**。

青年：……不要陷入保全自身。

哲人：心理咨询也一样。我们在做心理咨询的时候会加倍小心，**不把来访者置于"依存"和"无责任"的地位之中**。例如，令来访者说"多亏了先生我才能痊愈"的心理咨询其实没有解决任何问题。因为反过来说，这话的意思就是"如果是我自己，什么也办不到"。

青年：您的意思是说那是在依存于心理咨询师？

哲人：是的，可以说这对于你也就是教育者也是一样。让学生说出"多亏了先生才能毕业"或者"多亏了先生才能及格"之类的话的教育者，在真正意义的教育上是失败的，必须令学生们感到他们是靠自己的力量做到了这一切。

青年：但……但是……

哲人：教育者是孤独的存在。无人赞美、没有慰劳，全靠自己的力量默默前行，甚至都得不到感谢。

第二章　为何要否定"赏罚"

青年：人们能接受这种孤独吗？

哲人：是的。不期待学生的感谢，而是能够为"自立"这一远大目标做出贡献，教育者要拥有这种奉献精神，**唯有在奉献精神中找到幸福**。

青年：……奉献精神。

哲人：三年前我应该也说过，**幸福的本质是"奉献精神"**。如果你希望获得学生们的感谢，期待他们说出"多亏老师了"之类的话……那最终将会妨碍学生们自立。请一定记住这一点。

青年：那么，具体如何才能做到不把学生们置于"依存"或"无责任"地位的教育呢？！怎样才能帮助他们真正自立？！不要仅仅是观念性地说明，请您用具体事例来解释一下！否则，我还是无法接受！

哲人：好吧。比如，孩子们问你"我可以去朋友那里玩吗"？这时候，有的父母就会回答说"当然可以"，并附加上"做完作业之后吧"之类的条件。或者，也有的父母会直接禁止孩子去玩。这都是将孩子置于"依存"或"无责任"地位的行为。

父母不可以这样，而应该告诉孩子"这事你可以自己决定"。**告诉他自己的人生、日常的行为一切都得由自己决定。并且，假如有做出决定时需要的材料——比如知识或经验——那就要提供给他们。这才是教育者应有的态度。**

青年：自己决定……他们有相应的判断力吗？

哲人：存在这种怀疑的你还是对学生们不够尊重，如果可以做到真正的尊重，那就能够放手让其自己决定一切。

青年：也许会造成无可挽回的失败啊？！

哲人：在这一点上，即使父母或老师"为其选定"的道路也一样。你凭什么能够断言只有他们自己的选择会以失败告终，而自己为其指出的道路就不会失败？

青年：但是，这……

哲人：孩子们失败的时候，也许你确实会被问责。但是，这并不是关乎自己人生的责任，真正要承担责任的只有孩子自己，所以出现了"课题分离"这一思想主张，也就是"最终要承担某种选择导致的后果的人是谁"之类的想法。并未承担最终责任的你不可以介入他人的课题。

青年：你是说对孩子放任不管？

哲人：不是。**尊重孩子们自己的决断，并帮助其做出决断。并且，告诉孩子自己随时可以为其提供帮助，并在不太近但又可以随时提供帮助的距离上守护他们。**即使他们自己做出的决断以失败告终，孩子们也学到了"自己的人生可以由自己选择"这个道理。

青年：自己的人生由自己选择……

哲人：呵呵呵。"自己的人生可以由自己选择"，这是贯穿本日讨论的一大主题，请你好好地记清楚。对，请记在笔记本上。

那么，我们先休息一下吧。请你也回忆回忆自己是以什么样的态度面对学生们的。

青年：不，不需要休息！咱们继续吧！

哲人：接下来的对话，需要更加集中精神。而要想集中精神就需要适度休息。我冲了热咖啡，稍微平静一下整理整理思路吧。

第三章　由竞争原理到协作原理

　　教育的目标是自立。并且，教育者就是心理咨询师。当初，青年觉得这两个词是很普通的概念，几乎并未怎么留意。但是，随着辩论的展开，他开始对自己的教育方针产生疑虑。下定决心守护法规和秩序的教育错了吗？我真的害怕并妨碍了学生们的自立吗？……不，根本没有。毫无疑问，我一直在帮助他们自立。坐在对面的哲人沉默地擦拭着钢笔，看上去超然洒脱而又悠然自得！青年用干燥的嘴唇抿了一口咖啡，然后又缓缓地说起话来。

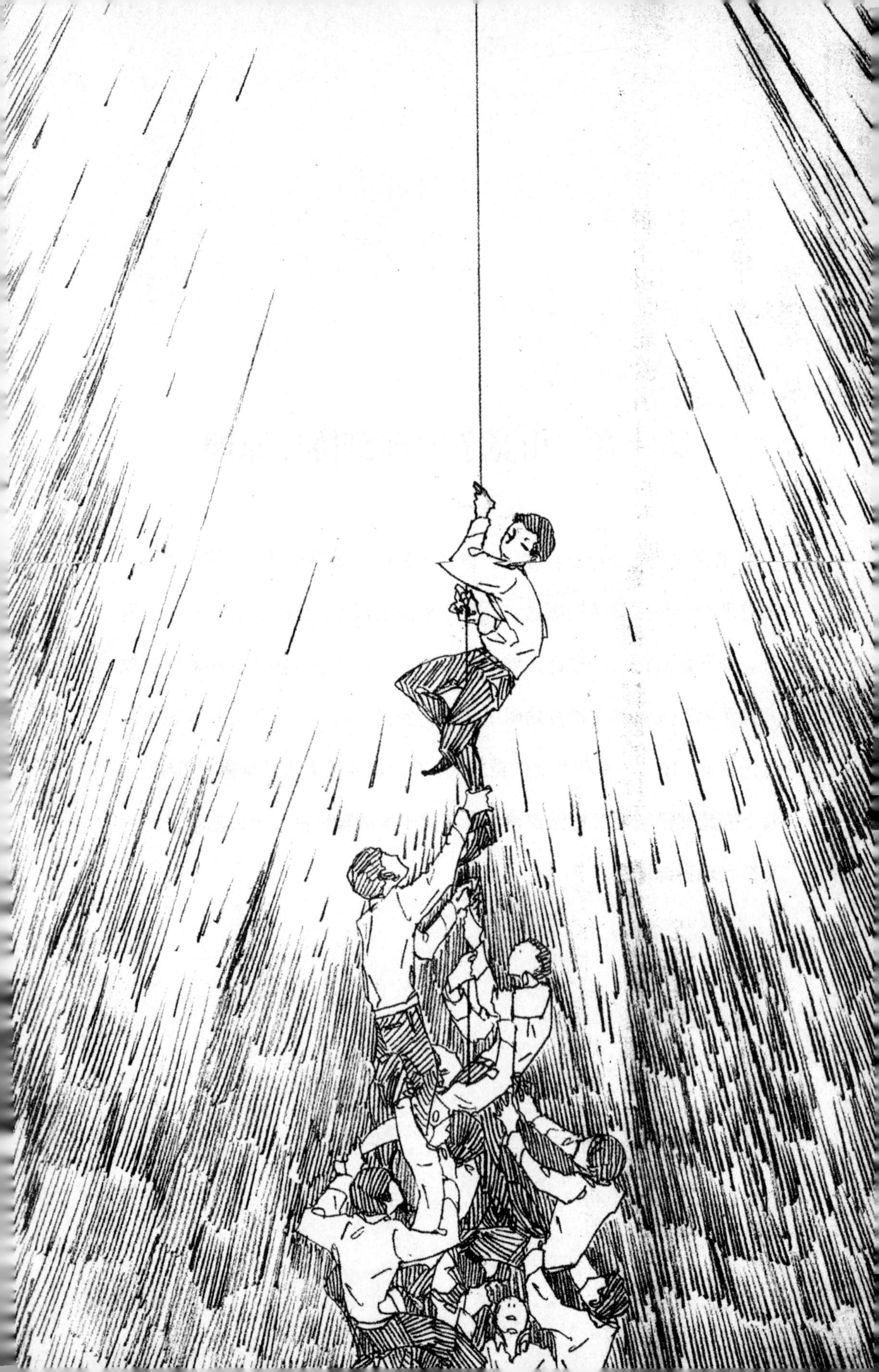

否定"通过表扬促进成长"

青年：……教育者不能充当法官，必须做亲近孩子们的心理咨询师。并且，斥责只能是暴露自身不成熟进而招致轻视的行为。教育的最终目标是"自立"，任何人都不应该成为这条道路上的障碍。好吧，关于"不可以批评"这一点，我就暂且接受。不过，您首先得认可下一个课题。

哲人：下一个课题？

青年：我们与教师同事或者是学生家长一起讨论"批评式教育"和"表扬式教育"对错的机会有很多。在讨论中非常不被认同的当然是"批评式教育"，这是时代潮流所致，当然也有很多人不赞同是出于道德观点考虑。就连我本人也并不愿意批评学生，对"不可以批评"大体还是持赞同态度。另一方面，支持"表扬式教育"的人占多数，从正面否定这种教育方式的人几乎没有。

哲人：肯定如此。

青年：但是，阿德勒连表扬也否定啊。三年前我询问理由的时候，您的说法如下，"表扬是'有能力的人对没能力的人所做出的评价'，其目的是'操纵'。"因此，不可以进行表扬。

哲人：是的，我这么说过。

青年：我也相信了这种说法，并忠实地践行了"不表扬教育"。但是，一个学生令我深深地意识到这种做法的错误。

哲人：一个学生？

青年：那是几个月前的事情，班里一个即使在学校里也能数得着的问题学生写了一篇读后感。那是暑假期间的自由任务，他竟然读了加缪的《异邦人》，我真的有些吃惊。他读后感的内容也令我非常吃惊，那是一篇用多愁善感的青春期少年所特有的细腻而感性的笔触写出的精彩作文。读了之后，我不禁大加赞扬："你太厉害啦！我都不知道你竟能写出这么好的作文，真令我刮目相看啊！"

哲人：是啊。

青年：话说出的那一瞬间，我就感到了不妥。特别是"刮目相看"这样的话包含了阿德勒所不认同的自上而下的"评价"。进一步讲，这就等于说之前一直瞧不起他。

哲人：是的，不然也不会说出"刮目相看"这样的话。

青年：但实际上我是表扬了他，而且是用非常明显的语言表扬了他。那么，听了我的话，那个问题学生的表情如何呢？有没有抗拒呢？啊，真希望先生您也能看到呀！他竟然展露出我以前从未见过的极其天真烂漫的少年式的笑脸！

哲人：呵呵呵。

青年：顷刻间，我感到眼前云开雾散，顿时彻悟"阿德勒思想究竟是什么？！我竟然受其蒙蔽，实施了剥夺孩子们笑容和欢喜的教育。这算什么教育啊"！

哲人：……所以，你决定要开始表扬吧？

青年：当然，毫不犹豫地进行表扬。表扬他，也表扬他以外的学生们。于是，大家都非常开心，学业也有所进步。越表扬大家的积极性越高，毫无疑问，这是一个良性循环。

哲人：你是说收到了很好的效果？

青年：是的。当然，不可以不加区别地一律表扬，而是仅仅针对一定的努力或成果进行表扬。因为，如果不是这样的话，那赞美之词就会成为谎言。之前写读后感的那名问题学生现在已经成了一个读书迷，总之，他读了很多的书，并写了很多读后感。很棒吧，书可是通向世界的大门。在这个过程中，他也许会不再满足于学校图书馆，而去大学图书馆，去我曾经工作过的图书馆！

哲人：如果是这样，也许会感慨颇深吧。

青年：我就知道，先生一定会加以否定吧。说什么这是"称赞的要求"，属于问题行为的第一个阶段。但是，现实完全不同。

即使最初以"获得表扬"为目的，在努力的过程中本人渐渐认识到学习的喜悦，体会到坚持的快乐，并逐步用自己的脚站立起来，这不正是阿德勒所说的"自立"嘛！

哲人：你能够断言事情一定会如此发展吗？

青年：您就承认吧！不管怎么说，通过表扬，孩子们又找回了笑容和干劲吧？这才是生活在教育现场有血、有肉、有温度的教育，阿德勒教育中有什么温度和笑容啊？！

哲人：那么，咱们一起想一想吧。为什么要在教育现场贯彻"不可以表扬"这一原则呢？为什么明明通过表扬会令有些孩子非常开心并取得进步，但却不可以进行表扬呢？通过表扬，你要承担什么样的风险呢？

青年：呵呵呵，您又要开始讲歪理了。我绝不会让步的，这就让您改变主张。

褒奖带来竞争

哲人：前面我说过"班级是一个民主国家"。你还记得吧？

青年：哈哈，你可是片面地把我说成是法西斯主义者啊！怎么会忘呢？！

哲人：并且我还指出"独裁者掌控的组织根本无法避免腐败"。如果再深入地想一想其中的理由，就会明白"为什么不可以表扬"了。

青年：您继续讲。

哲人：在独裁横行、民主尚未确立的共同体中，善恶的一切规章标准都由领导一人来定。国家自不必说，公司组织也是如此，即使家庭或学校也是一样。并且，其规章标准的应用也非常随意。

青年：啊，所谓的独断式经营公司就是典型吧。

哲人：那么，这些独断专行的领导会不会被"国民"讨厌呢？答案是未必如此，甚至很多时候还会得到国民的热烈拥戴，你认为这是为什么呢？

青年：因为这些领导具有领袖式的魅力？

哲人：不。这还在其次，或者只是表面上的原因。更大的原因在于其**赏罚分明**。

青年：哦！是这样吗？

哲人：破坏规则就会受到严厉惩罚，遵守规则就会被大加赞扬。并且，后者还会被认可。也就是说，人们并不是支持领导的人格或思想信条，**顺从的目的只是为了"获得表扬"或者"不被批评"**。

青年：是的、是的，社会就是如此啊。

哲人：那么，问题就在这里。见他人得到表扬就会心生愤懑，自己得到表扬则会自鸣得意，如何才能比周围的人更早更多地获得表扬呢？或者说，如何才能独占领导的宠爱呢？**如此，共同体就会被以褒奖为目标的竞争原理所支配。**

青年：感觉您又在绕圈子。总之，您就是不赞同竞争吧？

哲人：你认同竞争吗？

青年：非常认同。先生您只关注竞争的缺点，应该开阔一下思路。无论是学业还是艺术或体育比赛，抑或是进入社会之后的经济活动，正因为有齐头并进的竞争者存在，我们才会付出更大的努力。推动社会不断朝前发展的根本力量就是竞争原理。

哲人：是这样吗？将孩子们置于竞争原理之下，迫使其与他人进行竞争的时候，你认为会发生什么呢？所谓竞争对手也就是"敌人"。不久，孩子们就会形成"**他人都是敌人**"或者"**人人都在找机会陷害我，绝不可大意**"之类的生活方式（世界观）。

青年：您为什么要把事情想得这么悲观呢？对于人的成长来说，竞争对手的激励作用有多大？并且，竞争对手在多大程度上有可能成为值得信赖的朋友？这些您根本不懂。您过的一定是整日埋头于哲学，既没有朋友也没有竞争对手的孤独人生吧。呵呵，我都有点儿同情先生您了。

哲人：我非常认同可以称为竞争对手的盟友的价值。但是，**根本没有必要与这样的竞争对手进行竞争，也不可以进行竞争。**

青年：认可竞争对手，但不认可竞争？哎呀哎呀，您又开始自相矛盾了！

共同体的病

哲人： 一点儿都不矛盾。你可以把人生看成一场马拉松比赛，竞争对手就在自己旁边一起奔跑。这本身是一种激励和鼓舞，所以没有任何问题。但是，一旦你产生"战胜"竞争对手的想法，事情就完全变了。

最初"跑完"或"跑快"的目的转而变成了"战胜这个人"的目的，原本应该是盟友的竞争对手变成了应该打倒的敌人……并且，围绕着胜利的策略应运而生，有时甚至会演变为妨害或者不正当行为。即使比赛结束后，也无法心平气和地祝福竞争对手的胜利，深受嫉妒或自卑之苦。

青年： 所以您就否定竞争？

哲人： 有竞争的地方就会产生策略，甚至滋生不正当行为。没必要战胜任何人，只要能够走完全程不就可以了吗？

青年： 不不，太天真了！这种想法太天真了！

哲人： 那么，咱们就把话题从马拉松比赛转到现实社会。与竞争时间的马拉松比赛不同，独裁式领导管理的共同体中怎样算"获胜"，标准并不明确。就班级而言，学业以外的部分也会成为判断依据。并且，评价标准越不明确，那些拖同伴后腿、给别人下绊、向领导献媚的人就越是横行不止。你的单位应该也有这样的人吧？

青年： 哎……哎呀……

哲人： 为了防止这种事态发生，组织必须贯彻既无赏罚又无竞争的**真正的民主**。请一定记住：企图通过赏罚操纵别人的教育是最背离民主的态度。

青年：那么，我来问问。您所认为的民主是什么？什么样的组织、什么样的共同体才是民主的呢？

哲人：不是靠竞争原理，而是基于"协作原理"运营的共同体。

青年：协作原理？！

哲人：不与他人竞争，而是把与他人合作放在第一位。如果你的班级是按照协作原理运营的话，**学生们就会形成"人人都是我的同伴"之类的生活方式**。

青年：哈哈，您是说那样就会大家都和睦相处、齐头并进？现在即使在幼儿园也不可能有这种不切实际的事情了！

哲人：例如，假设有一个男生总是做一些问题行为。于是，很多教育者都在思考"该如何对待这个学生"。表扬？批评？还是无视？抑或是想其他办法？然后，就会把这个学生单独叫到教师办公室来处理。实际上，这种想法本身就是一种错误。

青年：为什么？

哲人：这并不是因为他"坏"才陷入问题行为，问题在于蔓延在整**个班级的竞争原理**。打个比方来说，不是他一人患了肺炎，而是整个班级都患了重度肺炎，他的问题行为只是表现出来的一个症状而已。这就是阿德勒心理学的看法。

青年：整个班级的病？

哲人：是的，名为竞争原理的病。教育者应该做的不是去关注产生问题行为的"个人"，而是去关注出现了问题行为的"共同体"。而且，一定要**去治疗共同体本身**，而不是去治疗个人。

青年：如何去治疗整个班级的肺炎呢？！

哲人：**停止赏罚，消除竞争，让竞争原理从班级中消失**。仅此而已。

青年：这根本不可能，而且还会起到反作用！您忘记了吗？我已经经历了"不表扬教育"导致的失败了!

哲人:……是的,我知道。那么,再来整理一下咱们的讨论内容吧。首先,争夺胜利或名次的竞争原理自然而然地会发展为"**纵向关系**"。因为,一旦产生胜者和败者,就会产生相应的上下关系。

青年:是的,的确。

哲人:另一方面,贯彻阿德勒心理学所提倡的"**横向关系**"的是协作原理。不与任何人竞争,也不存在胜负。与他人之间即使存在知识、经验或能力的差异也没有关系,与学业成绩、工作成果没有关系,所有人一律平等并且尽力与他人协作,这样建立起来的共同体才有意义。

青年:先生您是说这才是民主国家?

哲人:是的。**阿德勒心理学是基于横向关系的"民主心理学"**。

第三章　由竞争原理到协作原理

人生始于"不完美"

青年：好吧，对立点已经很明确了。先生您认为这不是个人问题，而是整个班级的问题。而且还认为蔓延其中的竞争原理是万恶之源。

另一方面，我关注的是个人。为什么呢？哈，借用先生的话说就是"尊重"。学生们作为一个光明正大的人存在着，他们每人都拥有自己独特的人格。有的孩子温顺文静，有的孩子活泼开朗，有的孩子认真严谨，有的孩子热情好动……学生的性格多种多样，他们并不是毫无个性的"集合"。

哲人：当然，的确如此。

青年：不，您口口声声说民主，但却并不去关注一个个独立的孩子，而是把其放在组织中去看。您还说"如果改变组织，一切都会随之而变"，简直就像是一个共产主义者！

我与您不同。组织怎么样都无所谓，它是民主主义也好共产主义也好，什么都可以。我关注的归根结底是个人的肺炎，而不是整个班级的肺炎。

哲人：因为你一直都是这么做的吧。

青年：那么，具体如何去治疗肺炎呢？这也是对立点。我的答案是"认同"，也就是满足其认同需求。

哲人：嚄！

青年：我知道，知道先生您否定认同需求。但是，我却非常支持认同需求。这是我基于实践经验得出的结论，所以不会轻易让步。孩子们渴望认同而罹患肺病、都被冻僵了。

哲人：你能说明一下理由吗？

青年：阿德勒心理学否定认同需求。为什么呢？拘泥于认同需求的人过于期待他人的认可，不知不觉就会过上他人期望的人生。也就是说，**过他人的人生**。

但是，人活着并不是为了满足别人的期望。无论对方是父母也好、老师也好或者其他什么人也好，我们都**不可以选择满足"那个人"期望的生活方式**。是这样吧？

哲人：是的。

青年：一味在意他人的评价，就无法过自己的人生。就会陷入被剥夺自由的生活方式。我们必须保持自由。并且，如果想要追求自由的话，那就不可以寻求认同……这样理解没错吧？

哲人：没错。

青年：多么振奋人心的话啊！但遗憾的是我们不可能那么坚强！你如果也观察一下学生们的日常生活就会明白。他们虽然极力表现出坚强，但内心却抱着极大的不安，无论怎么做都找不到自信，深深被自卑折磨。这就需要他人的认同。

哲人：所言极是。

青年：我不会轻易赞同你这位落伍的苏格拉底！总之，先生您所说的人终归是大卫像！

哲人：大卫像？

青年：对，您知道米开朗基罗的大卫像吧？肌肉发达而匀称、没有一点儿赘肉，简直是理想的造型。但是，那终究是无血无肉的理想造型，并不是现实中存在的人。活着的人既会有头疼脑热也会有流血受伤！但你总是在拿理想的大卫像来谈论人！

哲人：呵呵呵，很有意思的表达。

青年：另一方面，我所关注的是活在现实中的人。是有着柔嫩鲜活的肌肤和细腻丰富的个性，常常会犯错的孩子们！他们需要一一对待，并以更加恰当的形式来满足认同需求，也就是需要表扬。若非如此，根本无法找回受挫的"勇气"！

您戴着善人的面具，却丝毫不同情弱者。您只是在一味地宣扬雄狮理论，根本没有贴近现实生活中的人！

哲人：的确。假如我的话听起来像是脱离实际的理想论，那也绝不是我的本意。哲学在追求理想的同时也必须进行脚踏实地的思考。关于阿德勒心理学否定认同需求的原因，我们从其他角度来进行思考吧。

青年：哼，又是苏格拉底式的辩白！

哲人：正好我们可以从你刚刚提到的自卑感入手。

青年：哦，要谈自卑感吗？正好，我可是这方面的专家！

哲人：首先，**我们人类在孩童时代毫无例外地都抱着自卑感生活。**这是阿德勒心理学的大前提。

青年：毫无例外？

哲人：是的，人类恐怕是唯一一种身体发育比心理成长慢一步的生物。其他生物心理和身体的成长速度一般都保持一致，唯有人类是心理先成长、身体发育却相对滞后。某种意义上来说，这就好比是被束缚着手脚生活。因为，心灵是自由的，但身体却不由自主。

青年：哦，很有趣的观点。

哲人：结果，人类的孩子们就会为心理上"想做的事"和肉体上"能做的事"之间的差距而苦恼。有些事情对于周围的大人们来说能够做到，但自己却做不到。大人们摸得到的架子自己却够不着，大人们搬得动的石头自己却根本搬不动，年长者谈论的话题自己无法参与……

经历了这种无力感，进一步说就是**经历了"自己的不完美"之后的**

孩子们原则上来说肯定会感到自卑。

青年：您是说人生本来就作为"不完美的存在"而开始？

哲人：是的。当然，并不是孩子们作为人"不完美"，只是身体的发育赶不上心理的成长。但是，大人们只看身体方面的条件，往往把他们"当孩子对待"，根本不去理会孩子们的心理。如此一来，孩子们自然就会深受自卑之苦。因为，明明心理和大人没什么区别，但作为人的价值却得不到认可。

青年：所有的人都作为"不完美的存在"而开始，因此任何人都会经历自卑感。您这观点可真悲观啊。

哲人：也不全是坏事。这种自卑感并非不利条件，它常常会成为努力和成长的催化剂。

青年：哦？怎么回事呢？

哲人：如果人可以像马一样驰骋，那就不会发明出马车，也不会发明出汽车。如果人可以像鸟一样在空中翱翔，那飞机也就不会被发明出来。如果人有北极熊那样的毛皮，就不会发明出防寒服。如果人可以像海豚一样擅长游泳，那肯定也就不会有船和指南针的出现。

文明就是用来填补人类生物性弱点的产物，人类史就是一部克服劣等性的历史。

青年：正因为人类比较脆弱，所以才创造出这么了不起的文明？

哲人：是的。进一步讲，**人类因为自身脆弱，所以才会组成共同体并在协作关系中生存**。自狩猎采集时代开始，我们人类就生活在集体中，与同伴协作捕获猎物、养育孩子。人类并非喜欢协作，更确切一些说，**这是因为人类很脆弱，不可以单独生存**。

青年：您是说人类因为"脆弱"才形成集体、构建社会，我们的力量和文明都是拜"脆弱"所赐？

哲人：反过来讲，人类最害怕的是孤立。孤立的人不仅仅是身体安全受到威胁，就连心理安全也处于威胁状态之下。因为人类本能地清楚一个人根本无法生存。因此，我们常常希望能与他人建立坚固的"联系"……你知道这一事实意味着什么吗？

青年：……不知道，是什么？

哲人：所有人的内心都有共同体感觉，它与人的认同需求紧密相连。

青年：什么？！

哲人：正如无法想象没有壳的乌龟或脖子很短的长颈鹿一样，世界上根本不可能存在完全脱离他人的人。共同体感觉不需要去"掌握"，而需要从自己内心"挖掘"，正因为如此，它才可以作为"感觉"共有。阿德勒指出，"共同体感觉常常反映出身体的脆弱，人类根本无法与之彻底脱离。"

青年：源于人类"脆弱"的共同体感觉……

哲人：人类身体方面脆弱，但其心理比任何动物都要强大。这下你该明白致力于同伴之间的竞争多么违背自然规律了吧。共同体感觉并不是云端之上大而空的理想，它是深深植根于我们内心的根本生存原理。

共同体感觉！那么难以理解、内容不明确的阿德勒心理学的关键概念到此也渐渐明朗起来。人类因为身体的脆弱才创立共同体，并在协作关系中生存。人常常渴望与他人之间建立的"联系"，所有人的心中都存在着共同体感觉。哲人说人要挖掘自身的共同体感觉，寻求与他人之间的"联系"……青年好不容易才又开始发问。

"自我认同"的勇气

青年：但……但是，这种自卑感和共同体感觉的存在为何要和否定认同需求相联系呢？相反，应该通过互相认同来加强联系才对吧。

哲人：那么，请你再回忆一下"问题行为五阶段"。

青年：……好的。我都记在笔记本上了。

哲人：学生们先是陷入"称赞的要求"，接着发展为"引起关注"或"权力争斗"，其目的是什么呢？你还记得吗？

青年：希望获得认同，继而在班级中取得特别地位，是这样吧？

哲人：是的。那么，取得特别地位是指什么？为何要如此呢？你怎么看这个问题？

青年：为了获得尊重或者高人一筹吧。

哲人：严格说来并非如此。**阿德勒心理学认为，人类最具根源性的需求是"归属感"**。也就是说，不想孤立，想要真实地感到"可以在这里"。因为，孤立首先会导致社会性死亡，不久还会导致生物性死亡。那么，怎样才能获得归属感呢？

就是在共同体中取得特别地位，不要"泯然众人"。

青年：不要泯然众人？

哲人：是的。无可替代的"这个我"不要做"芸芸大众"，任何时候都必须确保自己独一无二的位置，"可以在这里"的归属感绝对不能被动摇。

青年：倘若如此，我的主张就更加正确了。通过表扬来满足其殷切的认同需求，以此来告诉他"你并非不完美"或者"你很有价值"。除此之外，别无他法！

哲人：不，遗憾的是，这样根本无法体会到真正的"价值"。

青年：为什么？

哲人：**认同根本没有尽头**。获得他人的表扬和认同，借此也许可以体会到瞬间的"价值"；但是，如此获得的喜悦终归是依赖于外部作用。这无异于带发条装置的玩偶，没人给上发条自己根本动不了。

青年：也……也许吧，可是……

哲人：只有被表扬才能体会到幸福的人，直到生命的最后一瞬间也在追求"更多的表扬"。**这样的人就被置于了"依存"的地位，过着永远索求、永不满足的生活**。

青年：那该怎么做呢？！

哲人：唯有一个办法——不去寻求他人的认同，**按照自己的意思自我认同**。

青年：自我认同？！

哲人：让他人来决定"我"的价值，这是依存。另一方面，**"我"的价值由自己来决定，这叫"自立"**。幸福生活在哪里，答案很明确了。决定你自身价值的不是别人。

青年：这根本不可能！正因为我们自己无法树立自信，所以才需要他人的认同！

哲人：恐怕这是**缺乏"做普通人的勇气"**吧。保持本色即可，即使成不了"特别"存在，即使不够优秀，也依然有你的位置。要接受平凡的自己，接受作为"芸芸大众"的自己。

青年：……你是说我只是一无所长的"芸芸大众"？

哲人：不是吗？

青年：……呵呵呵。你竟能厚颜无耻地说出这样侮辱人的话！……

这是我人生中遭受的最大侮辱。

哲人：这不是侮辱，我也是一个普通人。并且，"普通"是一种个性，根本不可耻。

青年：别说俏皮话了，你这个虐待狂！哪里有被人说了"你是随处可见的平凡人"不感觉屈辱的现代人？！获得"这也是个性"之类的安慰就能够真正接受的人又在哪里？！

哲人：如果为这种话感到屈辱，那说明你还想要成为"特别的我"。所以你才追求来自他人的认同，所以你才会追求称赞、期待关注，至今依然生活在问题行为之中。

青年：别……别开玩笑了！

哲人：**不要从"与他人不同"方面寻求价值，而是从"保持自我"方面寻求价值**，这才是真正的个性。不认可"真正的自我"，一味地与他人进行比较，盲目地突出"不同"，这是一种**自欺欺人的生活方式**。

青年：不要强调与他人之间的"不同"，即使平凡也要从"保持自我"中寻求价值……

哲人：是的。因为你的个性不是相对的，而是绝对的。

青年：……那么，关于个性我要说说自己得出的一个结论，这个结论揭示了学校教育的局限性。

哲人：哦，我很想听一听。

问题行为是在针对"你"

青年：……我一直在犹豫要不要说，还是说出来吧。今天就全说出来。我心中时常感到学校教育很受局限。

哲人：局限？

青年：是的，我们教育者"能做的事情"很有限。

哲人：怎么回事呢？

青年：班级里既有开朗外向的学生，也有谨慎低调的学生。如果用阿德勒的话说就是，大家都怀着各自固有的生活方式（世界观），没有人完全相同，这就是个性吧？

哲人：是的。

青年：那么，他们是在哪里养成这些生活方式的呢？毫无疑问，肯定是在家庭中。

哲人：的确。家庭的影响很大。

青年：并且，学生们现在依然是在家庭中度过一天中的大部分时间。并且是在同一屋檐下的极近距离内与家人一起"生活"。这里既有热心教育的父母，也有对教育孩子不太积极的父母，父母离婚、分居甚至是去世的家庭也有不少。当然，经济条件也不尽相同，甚至还会有虐待孩子的父母。

哲人：是的，太令人遗憾了。

青年：另一方面，我们教师与一个学生相处的时间只是毕业前的短短几年。与陪伴左右的父母相比，前提条件就存在太大的差异。

哲人：所以，你的结论是？

青年：首先，包括人格形成在内的"广义的教育"是家庭的责任。也就是说，假如有一个暴力倾向严重的问题儿童的话，其父母要对孩子的成长负根本责任，这怎么说也不是学校的责任。并且，我们教师能够起到的作用只是"狭义的教育"，也就是教授知识之类的教育，除此之外的事情根本无能为力。虽然不胜羞愧，但这是现实也是结论。

哲人：哦，恐怕阿德勒会立即驳回你的这个结论。

青年：为什么？怎么驳回？！

哲人：因为不得不说你所得出的结论是在无视孩子们的人格。

青年：无视人格？

哲人：阿德勒心理学将人的一切言行都放在人际关系中进行思考。例如，假如有人陷入割腕之类的自残行为的时候，阿德勒并不认为其行为是无所针对的。伤害自己是为了针对某人，这就像是问题行为中的"复仇"一样。也就是说，一切言行都有其针对的"对象"。

青年：然后呢？

哲人：另一方面，你班里的学生们在家庭中表现如何，不在那个家庭里的我们根本不可能了解。

但是，他们恐怕不可能与在学校的时候完全一样。因为，给父母看的面孔、给老师看的面孔、给朋友看的面孔、给前辈或后辈看的面孔，这些完全相同的人根本不存在。

青年：什么？！

哲人：哪个学生戴上"给你看的面孔"的面具的时候，他就是针对"你"才反复做出问题行为。根本不是父母的问题，完全是出自你和学生之间关系的问题。

青年：与家庭教育没有任何关系吗？！

哲人：这"无法了解"而且"不能干涉"。总之，他们现在是针对你体现出"妨碍这个老师的课"或者"无视这个老师布置的作业"之类的决心。当然，也有虽然在学校里反复做出问题行为却决心"在父母面前做个好孩子"的情况。这是针对你的行为，所以首先必须由你来进行阻止。

青年：你是说我必须在我的教室里来解决？

哲人：正是如此，因为他们就是在向"你"求助。

青年：那些孩子们是在针对我才反复做出一些问题行为……

哲人：并且，他们既然在你面前还选择你能看得到的时候行动，那就是在家庭以外的其他的"世界"，也就是在教室里寻求自己的位置。你必须通过尊重来向其展示出位置。

为什么人会想成为"救世主"

青年：……阿德勒实在太可怕了！如果不知道阿德勒，我也不用如此苦恼。与其他教师一样，应该批评的学生就批评，值得表扬的学生则表扬，毫无困惑地指导着学生，接受学生的感谢，把教学当作天职来完成。有时我甚至想，如果从来没有了解这种思想该多好！

哲人：的确，一旦知道了阿德勒思想就无法再退回去。与你一样，很多接触过阿德勒思想的人都想要抛弃它，认为"这只是理想论"或者"是不科学的"。但是，根本无法抛弃，心中的某个角落总会感觉不妥，总会忍不住地意识到自己的"谎言"。这真可谓是**人生猛药**。

青年：我来整理一下咱们目前的讨论。首先，不可以批评孩子。因为批评是一种破坏相互"尊重"的行为，发怒或斥责是一种低成本、不成熟、暴力性的交流手段。是这样吧？

哲人：是的。

青年：并且，也不可以表扬。表扬会令共同体中滋生竞争，让孩子们形成"他人是敌人"的生活方式。

哲人：正是如此。

青年：并且，批评或表扬，也就是赏罚，会妨碍孩子"自立"。因为赏罚是企图将孩子置于自己的支配之下，依靠这种方式的大人内心害怕孩子"自立"。

哲人：希望孩子永远是孩子，因此就用赏罚这种形式来束缚孩子，准备一些"都是为你着想"或者"全是因为担心你"之类的理由企图让孩子永远停留在未成年状态……大人们的这种态度根本不存在尊重，也无法建立良好的关系。

青年：不仅如此，阿德勒还否定"认同需求"，主张把追求他人认同换作自我认同。

哲人：是的，这是一个应该从自立角度进行考虑的问题。

青年：我明白，"自立"就是用自己的手决定自己的价值。另一方面，希望由他人来决定自己价值的态度，也就是认同需求只是一种"依存"。可以这么说吧？

哲人：是的。听到自立这个词，有人往往只从经济角度去考虑。但是，**即使十岁的孩子也能够自立，也有人即使到了五六十岁依然无法自立**。自立是精神问题。

青年：……好吧。的确是了不起的理论，至少作为在这个书房里讨论的哲学来说，它完全无懈可击。

哲人：但是，你并不满足于"这种哲学"。

青年：呵呵呵，是的。不要仅仅限于哲学，我要的是通用于这个书房之外特别是我的教室里的实践，否则还是不能接受。

先生，您是向我灌输阿德勒思想的"罪魁祸首"。当然，最终做决断是我的事情。但是，您不要仅仅摆出一些"这不可以做""那不可以做"之类的规则，请一定给出一些具体性的指导意见。如果一直像目前一样，那我既无法回到赏罚教育，又无法信赖阿德勒式的教育！

哲人：也许答案很简单。

青年：答案简单那是对你来说的，无非是"相信阿德勒，选择阿德勒"，仅此而已。

哲人：不，是否抛弃阿德勒思想已经无所谓了，最重要的是我们要暂时脱离教育话题。

青年：脱离教育话题？！

哲人：作为一个朋友我要跟你说一说，虽然今天一直在谈论教育，但你真正的烦恼不在这里。你依然没有获得幸福，也**没有"获得幸福的勇气"**。并且，你选择教育者之路也并不是因为想要拯救孩子们，你是想要通过拯救孩子们最终使自己获救。

青年：你说什么？！

哲人：想要通过拯救他人使自己获救，通过扮演一种救世主的角色来体会到自己的价值，这是无法消除自卑感的人常常会陷入的优越情结的一种形态，一般被称为**"弥赛亚情结"**。它是一种想要成为弥赛亚也就是他人的救世主的心理性反常。

青年：别……别开玩笑了！你又在胡说什么呢？！

哲人：你这样高声怒吼也是自卑感的表现，人受到自卑感刺激的时候就会想用愤怒的感情进行解决。

青年：哎呀，你这个……

哲人：重要的还在后面。你这种不幸者提供的救助无法脱离自我满足的范畴，根本不可能让任何人获得幸福。实际上，你虽然积极投入救助孩子们的事业，但自己依然身处不幸之中。你所渴望的只是体会到自己的价值。倘若如此，再怎么研究教育学都没有意义。首先你应该用自己的手去获得幸福。若非如此，咱们之前的讨论也许就只能是无聊的对骂，没有任何意义。

青年：没有意义？！这种讨论没有意义？！

哲人：如果你选择就这样"不改变"，我尊重你的决断，你可以保持现在的状态再回到学校。但是，如果你选择"改变"，那就从今天开始。

青年：……

哲人：这已经是一个超越了工作或教育，关系到你自己人生的主题。

过去的自己

• 为了肯定"现在"而去肯定不幸的"过去"——"虽然经历了那么多的事情,但现在这样已经不错了"。

• 心怀"如果在理想的学校遇到理想的老师,自己也不会是现在这样"之类的想法,打算活在假想之中。

• 人人都是"我"这个故事的编纂者,为了证明"现在的我"的正统性,其过去往往会被随意改写。

• 过去根本不存在。你所说的过去只不过是由"现在的你"巧妙编纂出来的故事而已。

教育是什么

·教育不是"干涉",而是"帮助"其自立。

·假如抛开"自立"这一目标,教育、心理咨询或者是工作辅导都会立即变成一种强迫行为。

·问题行为的五个阶段:称赞的要求、引起关注(恶作剧 or 扮演无能)、权力争斗(反抗 or 不顺从)、爱的复仇、证明无能。

·比起自己的存在被无视,被批评要好得多。

• 如果"批评"这种手段在教育上有效的话，那么最多是开始的时候批评几次，之后问题行为应该不会再发生才对。为什么会"总是"发火呢？为什么需要"总是"黑着脸，"总是"大声训斥呢？

• 暴力始终是成本低、廉价的交流手段。

• 你厌烦了用语言与学生们交流，继而想通过批评直截了当地令他们屈服。以发怒为武器，拿着责骂之枪，拔出权威之刀。这其实是作为教育者既不成熟又非常愚蠢的态度。

• 包含斥责在内的"暴力"是一种暴露了人不成熟的交流方式。关于这一点，孩子们也十分清楚。遭到斥责的时候，除了对暴力行为的恐惧，他们还会在无意识中洞察到"这个人很不成熟"。

这是一个比大人们想象得更加严重的问题。你能够"尊重"一个不成熟的人吗？或者，从用暴力威慑自己的对方那里能够感受到被"尊重"吗？伴随着发怒或者暴力的交流中根本不存在尊重。而且还会招致轻视。

- 周围的大人们为了把孩子们置于"未成年状态"之中，想方设法灌输自立如何危险以及其中的种种风险及可怕。为了让其处于自己的支配之下。

- 如何才能回避这种责任呢？答案很简单。那就是支配孩子。不允许他冒险，只让其走无灾无难、不会受伤的路。尽可能将其置于自己掌控之中。其实，这样做并不是担心孩子。一切都是为了保全自身。

• 希望孩子永远是孩子。因此就用赏罚这种形式来束缚孩子。准备一些"都是为你着想"或者"全是因为担心你"之类的理由企图让孩子永远停留在未成年状态。……大人们的这种态度根本不存在尊重,也无法建立良好的关系。

人的归属

• "一切烦恼都是人际关系的烦恼"这句话背后也隐含着"一切快乐也都是人际关系的快乐"这一幸福定义。

• 人类因为身体的脆弱才创立共同体,并在协作关系中生存。人常常渴望与他人之间的"联系"。所有人的心中都存在着共同体感觉。

• 人类最具根源性的欲求是"归属感"。

• 认同根本没有尽头。获得他人的表扬和认同。借此也许可以体会到瞬间的"价值"。但是，如此获得的喜悦终归是依赖于外部作用。这无异于带发条装置的玩偶，没人给上发条自己根本动不了。

关于自立

• 孩子们有一天会察觉到："我"正因为被父母爱着，所以才能活下去。作为性命攸关的生存战略，孩子们都会选择"被爱的生活方式"。

- "被爱的生活方式"完全是自我中心式的生活方式,它一直在摸索如何集中他人的关注、如何站在"世界中心"。

- 孩童时代的我们通过"脆弱"支配大人们。很多大人也试图以自己的脆弱或不幸、伤痛、不得志以及精神创伤为"武器"来控制他人。

- 自立就是"脱离自我中心性"。摆脱被娇惯的孩子时代的生活方式。

- 我们通过爱从"自我"中解放出来,实现自立,在真正意义上接纳世界。仅仅开始于两个人的"我们"很快就会扩展到整个共同体乃至整个人类。

- 我们通过爱他人能渐渐成熟起来。

爱

• 人想起闹翻的恋人之时，往往很长时间内脑海中浮现的净是对方讨厌的地方。这是因为你想要令自己认为"分开真好"，其实也正证明了自己依然没有真正下定决心。如果不对自己说"分开真好"，心就会再次动摇。

另一方面，如果可以平静地想起昔日恋人的优点，那就意味着你已经不需要特意去讨厌，已经从对那个人的感情中解脱出来了……总之，问题不在于"喜欢还是讨厌对方"，而在于"是否喜欢现在的自己"。

• "被动坠入的爱"其实就是拥有欲和征服

欲，本质上和物欲一样。

· 获得他人的爱很难。但是，"爱他人"更是难上好几倍的课题。

· 爱并非兼顾利己和利他两个方面，而是两者都排除。

· 人在意识上害怕不被爱，但事实是无意识中惧怕爱。

为爱寻求担保。是认为"肯定会受伤"，基本确信"一定会伤心"。

· 为什么很多人在恋爱中追求"命中注定的人"呢？为什么对结婚对象抱着浪漫的幻想呢？关于其中的理由，阿德勒认为是"为了排除一切候选人"。

通过设定一个过大的根本不存在的理想来回避与现实的人交往。这才是感叹"没有邂逅"的人的真实面目。

• 我们可以爱任何人。

"爱某个人并非单单出于激烈感情。这是一种决心、决断、约定。"

• 命运靠自己的手创造出来。

"爱是一种信念行为,只有一点点儿信念的人就只能爱一点点儿。"

•我们只有通过爱他人才能从自我中心性中解放出来。只有通过爱他人才能实现自立。并且,只有通过爱他人才能找到共同体感觉。

•"主动去爱、自立起来、选择人生。"

・世界很简单，人生也是一样。保持单纯很难。

其　他

・假如有人自称"自己明了一切"，继而停止求知和思考，那么，不管神是否存在或者信仰有无，这个人都已经步入了"宗教"。

・火把照亮的范围最多也就是半径数米，也许感觉像是一个人走在空无一人的夜道上。但是，你所举着的火把数百米之外的人也可以看到。大家就会知道那里有人有光，走过去有路。不久，你的周围就会聚集数十数百盏灯光。数十数百的人们都会被这些灯光照亮。

•"无法信赖他人"其实是因为你不能彻底信赖自己。以自我为中心的人并不是因为"喜欢自己"才只关注自己。事实恰恰相反,正因为无法接纳真实的自己,内心充满不安,所以才只关心自己。

•我们必须保持心灵富裕,并将其中的积蓄给予他人。不是坐等他人的尊重,而是自己主动去尊重、信赖他人……绝不能成为心灵贫困的人。

阿德勒心理学纲要

- 阿德勒心理学不是死板的学问，而是要理解人性的真理和目标。

- 阿德勒心理学考虑的不是过去的"原因"，而是现在的"目的"。

- 阿德勒心理学明确否定心理创伤。

- 阿德勒心理学就是勇气心理学。

阿德勒的核心观念

· 自我接纳 他者信赖 他者贡献

· 人可以改变、世界极其简单、人人能获得幸福。

· 常常为诸事烦恼的现代人不是缺乏获得幸福的能力，而是缺少获得幸福的勇气！

· 人生课题：工作课题、交友课题、爱的课题（最难的课题）

· 自由就是被别人讨厌。

· 对人而言最大的不幸就是不喜欢自己。

人的主观世界

• 人并不是住在客观的世界,而是住在自己营造的主观世界里。

• 问题不在于世界如何,而在于你自己怎样。

• 现在的你之所以不幸正是因为你自己亲手选择了"不幸",(你认为"不幸"对你自身而言是一种"善")而不是因为生来就不幸。

• 只看到自己的缺点,是因为下定了"不要喜欢自己"的决心。太害怕被他人讨厌、害怕在人际关系中受伤。

・困扰我们的自卑感不是"客观性的事实"而是"主观性的解释"。

・阿德勒心理学不是改变他人的心理学，而是追求自我改变的心理学。

过去、现在与未来

• 如果我们一直依赖原因论,就会永远止步不前。

• 决定我们自身的不是过去的经历,而是我们自己赋予经历的意义。

• 无论之前的人生发生过什么,都对今后的人生如何度过没有影响。

人际关系

• 为了大发雷霆而制造怒气

• 人的烦恼皆源于人际关系。所谓的"内部烦恼"根本不存在。

• 如果有人骄傲自大,那一定是因为他有自卑感。

• 也有一种人,想要借助不幸来显示自己"特别",他们想要用不幸这一点来压住别人。以自己的不幸为武器来支配对方。

· 不与任何人竞争，只要自己不断前进即可。如果在人际关系中存在"竞争"，那人就不可能摆脱人际关系带来的烦恼，也就不可能摆脱不幸。

· 人在人际关系中一旦确信"我是正确的"，那就已经步入了权力之争。如果你真的认为自己正确的话，那么无论对方持什么意见都应该无所谓。

· 人就是这样一种任性和自私的生物，一旦下定决心，无论怎样都能发现对方的缺点。

· 阿德勒心理学否定寻求他人的认可。我们"并不是为了满足别人的期待而活着"，我们没必要去满足别人的期待。我们不是为了他人而活，他人也不是为了满足我们的期待而活，所以当别人的行为不符合自己的想法时，也不可以发怒，这是理所当然的事情。

人生的课题

• 基本上,一切人际关系矛盾都起因于对别人的课题妄加干涉,或者自己的课题被别人妄加干涉。

• 如何决定课题是谁的课题:某种选择所带来的结果最终要由谁来承担。

• 别人如何评价你的选择,那是别人的课题,你根本无法左右。

• 不去干涉别人的课题也不让别人干涉自

己的课题。

• 在意你的长相的只有你自己

• 为了满足别人的期望而活以及把自己的人生托付给别人，这是一种对自己撒谎也不断对周围人撒谎的生活方式。

• 一味在意"他人怎么看"的生活方式正是只关心"我"的自我中心式的生活方式。因为"对自己的执著"，而非"对他人的关心"。

• 不可以批评也不可以表扬，那样是"有能力者对没能力者所做的评价"，而是应该鼓励。

其 他

• 活在害怕关系破裂的恐惧之中，那是为他人而活的一种不自由的生活方式。

• 重要的不是被给予了什么，而是如何去利用被给予的东西。

• 你之所以无法改变，是因为自己下了"不改变"的决心。

• 即使人们有各种不满，但还是认为保持现状更加轻松、更能安心。

・工作狂是谎言:"因为工作忙,所以无暇顾及家庭。"只不过是以工作为借口来逃避其他责任。

・人生是连续的刹那。计划式的人生不是没有必要,而是根本不可能。只要此时此刻充实就已经足够了。

不再讨论教育。你并不是想要拯救孩子们，而是想要通过教育来拯救身处不幸旋涡的自己……对于青年来说，这种话就等于是全面否定作为教育者的自己的辞职劝告。深受阿德勒光芒普照、克服一切困难、立志走教育之路的我，等来的难道就是如此恶毒的对待吗？！青年突然产生了一个想法……宣判苏格拉底死罪的雅典人当时也许就是这样的心情吧。这个男人太危险，如果对这样的恶棍放任不管，世界很快就会染上虚无主义之毒。

教育不是"工作"而是"交友"

青年：……哎呀，先生你必须感谢我的自制力。如果我再年轻上十岁，不，哪怕是五岁，也不会有这么强的自制力。如果是那样，这会儿你的鼻梁恐怕已经被我的拳头打断了。

哲人：呵呵呵，你很不冷静啊。的确如此。阿德勒也曾遭受过来自商谈者的暴力。

青年：也有这种可能啊！大肆宣扬这样的谬论，那也是应得的报应！

哲人：有一次，阿德勒被要求为一位患了重度精神障碍的少女治病。这位少女受病症折磨已长达 8 年，2 年前开始不得不入院治疗。初次见面时候的她据说是"像狗一样狂吠不止，口水不断，一直想要撕衣服、吃手绢"。

青年：……这已经不属于心理咨询的范畴了。

哲人：是的，这是就连入住医院的负责医生都束手无策的重度病症。于是，他们问阿德勒"你能治吗"？

青年：阿德勒治了吗？

哲人：是的。最终这位少女顺利回归社会，甚至恢复到可以自力更生的程度，并与周围的人融洽相处。阿德勒说"看到现在的她，恐怕没人相信她曾患过精神病"。

青年：究竟用了什么魔法呢？

哲人：阿德勒心理学并无魔法。阿德勒只是一直跟她谈话。最初的八天，他每天都去见她并对其谈话，但她总是一言不发。随着时间的推移，在心理咨询持续了三十日之后，虽然是以非常混乱无法理解的形式，

第三章　由竞争原理到协作原理

但她终于开口说话了。

关于她的行为举止像狗一样的原因，阿德勒这样理解，她感觉被自己的母亲"当狗对待"。是否真的被像狗一样对待，我们并不了解，但至少她"感觉"是这样。于是，作为对母亲的反抗，她下意识地决定"索性扮演狗给您看"。

青年：也可以说是一种自残行为？

哲人：如你所言，正是自残行为。作为人的尊严被伤害，于是用自己的手再去不断撕裂伤口。所以，阿德勒就把她作为平等的人百折不挠地跟其谈话。

青年：……的确。

哲人：就这样一直不间断地进行心理咨询，某一天，她突然开始打阿德勒。这时候阿德勒是怎么做的呢？他没做任何反抗，任其拍打。然后，过于激动的她打破了玻璃窗户，手指受了伤。于是，阿德勒默默地为其包扎。

青年：呵呵呵，这简直就是圣经中的故事嘛！你是想借此把阿德勒装扮为圣人吧。哈哈哈，很可惜，我绝不会上当！

哲人：阿德勒不是圣人，这种情况下选择"不反抗"也不是出于道德角度考虑。

青年：那为什么不反抗呢？

哲人：阿德勒说当她开始讲话的时候，自己**感到"我是她的朋友"**。

于是，在被无故拍打的时候，也只是用"友好的眼神"注视着她。也就是说，阿德勒并非是作为工作、作为职业人来面对她，而是**作为一个朋友与之相处**。

长期处于苦恼之中的朋友出现了精神错乱，所以才来拍打自己……

如果想一想这种情况，就能够理解阿德勒的行为一点儿都不奇怪。

青年：……哎呀，如果真是朋友的话。

哲人：那么，在这里我们还必须再回忆一下这些概念。"心理咨询就是面向自立的再教育，心理咨询师就是教育者"。还有，"教育者就是心理咨询师"。

既是心理咨询师又是教育者的阿德勒作为"一个朋友"来面对来访者。如果是这样的话，你也**应该作为"一个朋友"来面对学生**。因为你也是教育者、心理咨询师。

青年：啊？！

哲人：你在阿德勒式教育上的失败，以及至今感受不到幸福的原因其实很简单，因为你一直在**逃避由工作、交友和爱这三大项构成的"人生课题"**。

青年：逃避人生课题？！

哲人：你现在是因为"工作"来面对学生。但是，正如阿德勒亲身示范的一样，与学生之间的关系是"朋友"。如果弄错了这一点，教育不可能顺利。

青年：不要胡说！！像朋友一样对待那些孩子们？！

哲人：不是像朋友一样"对待"，是建立真正意义上的"交友"关系。

青年：这根本不对！我可是专业教育者，正因为当成专业的、拿报酬的"工作"，才可以负起重大责任！

哲人：我知道你要说什么。但是，我的意见不会变，你与学生们之间应该建立的是"交友"关系。

三年前，关于人生课题咱们没能细谈。如果理解了人生课题，你就一定能够明白我最初说的"人生最大的选择"这句话的意思，进而你也就能够理解你目前应该面对的"获得幸福的勇气"。

青年：如果理解不了呢？

哲人：那你可以抛弃阿德勒、抛弃我。

青年：……有意思，您就这么自信吗？

第四章 付出，然后才有收获

　　哲人的书房里没有钟表。之前的辩论究竟花了多长时间，距离天明还有几个小时？青年一边为自己忘带手表而懊恼，一边反复回味着之前辩论的内容。……弥赛亚情结？要与学生建立"交友"关系？开什么玩笑？！这个男人口口声声地说我误解了阿德勒，但其实是你误解了我！逃避人生课题、回避与他人交往的人正是整日闷在这个书房里的你！

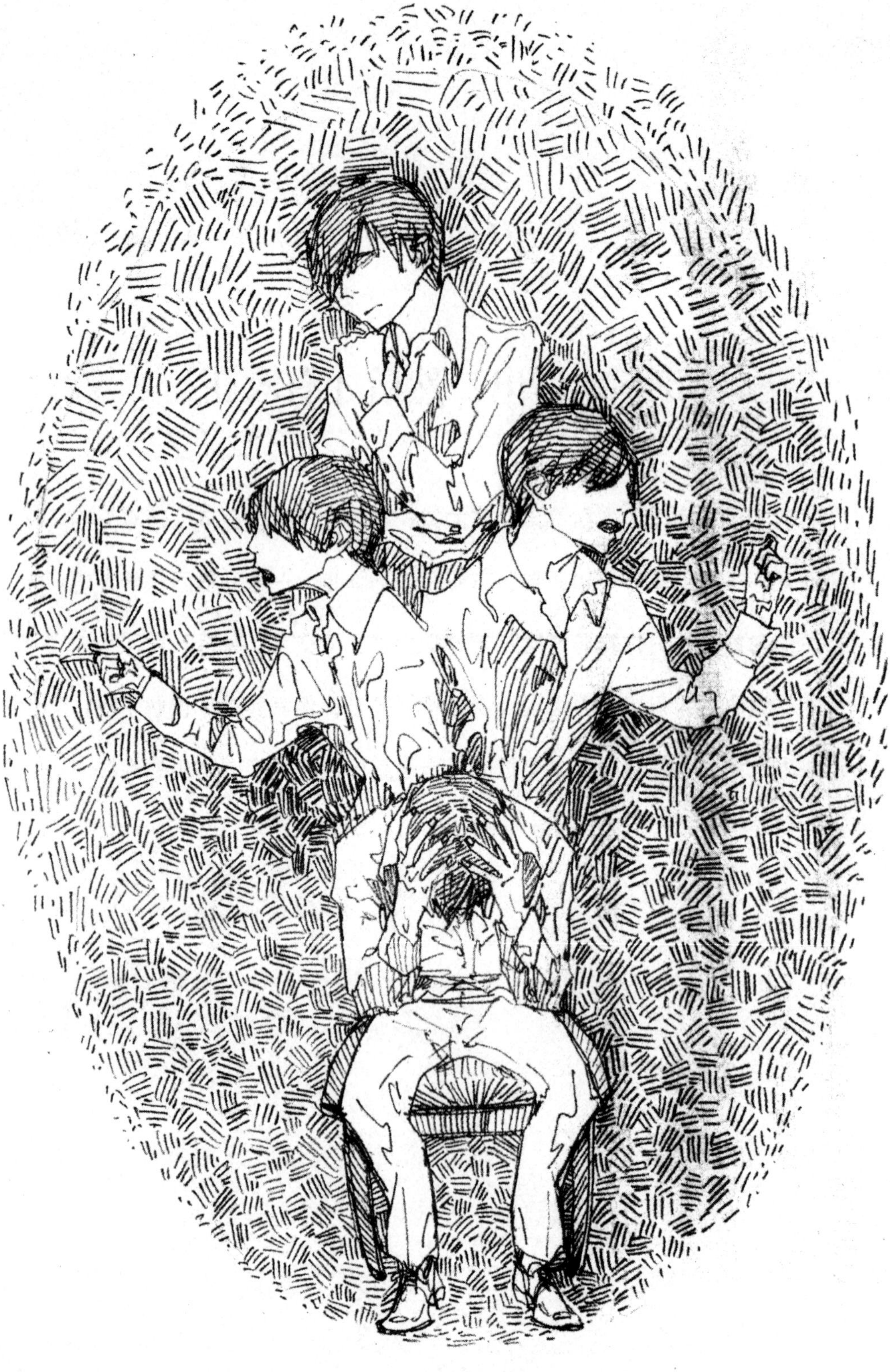

一切快乐也都是人际关系的快乐

青年：我现在正处于不幸之中，我并不是为学校教育而苦恼，只是苦恼自己的人生。并且，理由是我逃避"人生课题"……您是这么说的吧？

哲人：如果简单概括一下的话。

青年：并且，您还说不应该把面对学生当作"工作"，而应该建立"交友"关系。这其中的理由更加无聊，总而言之无非是"因为阿德勒也是这么做的"。阿德勒把来访者当作朋友来对待，伟大的阿德勒是这么做的，所以你也应该这么做……您认为这样的理由我能接受吗？

哲人：如果我的依据仅仅是"因为阿德勒也是这么做的"，那你肯定无法接受。当然，我还有其他更重要的依据。

青年：如果您不能讲清楚的话，我还得继续反驳。

哲人：我明白。阿德勒把一个人在社会上生存时必须面对的课题称为"人生课题"。

青年：这个我知道，工作课题、交友课题和爱的课题嘛。

哲人：是的，这里一个重要的关键点就是这些都是人际关系课题。例如，讲"工作课题"的时候，也不是把劳动本身作为课题来考虑，关注的是其中的人际关系。在这个意义上，用"工作关系""交友关系"和"爱的关系"这些说法来考虑也许更容易被理解。

青年：也就是说，不要关注"行为"，而要关注"关系"。

哲人：是的。那么，为什么阿德勒如此关注人际关系呢？这是阿德勒心理学的根本原则，你明白吗？

青年：因为它的前提是阿德勒所定义的"苦恼"，也就是"一切烦恼都是人际关系的烦恼"这种说法。

哲人：正是如此。关于这个定义也需要做一些说明，可以断言"一些烦恼"都是"人际关系的烦恼"的理由是什么呢？阿德勒认为……

青年：哎呀，又在绕圈子！由我来直截了当地说明，很快就能讲清楚。"一切烦恼都是人际关系的烦恼"，这句话的真正意思可以反过来考虑。

假如宇宙中只有"我"一个人存在，那会怎么样？恐怕那将是一个既没有语言也没有道理的世界。既没有竞争也没有嫉妒，但也没有孤独。因为只有存在"疏远我的他人"的时候，人才会感受到孤独。真正"一个人"的时候，孤独也就不会产生。

哲人：是的，孤独只存在于"关系"之中。

青年：但是，事实上这种假设根本不可能成立。因为从原则上来讲，我们根本不可能脱离他人独自生存。所有人都是由母亲所生，吃乳汁成长。刚出生时，别说是自己一个人吃饭，就连翻身都不会。

并且，作为婴儿的我们睁开眼睛明确他人——多数情况下是母亲——存在的那一瞬间，"社会"就产生了。接着是父亲、兄弟姐妹以及家人以外的他人出现，社会也越来越复杂。

哲人：是的。

青年：社会的诞生也就是"苦恼"的诞生。在社会中我们深受冲突、竞争、嫉妒、孤独以及自卑等各种烦恼折磨。"我"和"他人"之间常常发出不和谐的声音，那被羊水包裹着的静谧日子再也不可能出现，只能生活在喧嚣的人类社会。

如果没有他人，也就没有烦恼。但是，我们根本无法摆脱他人。也就是说，人所具有的"一切烦恼"都是人际关系的烦恼……这样理解有什么问题吗？

哲人：没有，你总结得很好，我只补充一点。如果一切烦恼都源于人际关系的话，是否只要切断与他人之间的关系就可以呢？是否只要远离他人，闷在自己房间里就可以呢？

不是这样，完全不是，因为**人的快乐也源于人际关系**。"独自生存在宇宙"中的人没有烦恼但也没有快乐，且将会度过极其乏味的一生。

阿德勒所说的"一切烦恼都是人际关系的烦恼"这句话背后也隐含着**"一切快乐也都是人际关系的快乐"这一幸福定义**。

青年：所以，我们必须勇敢面对"人生课题"。

哲人：是的。

青年：好吧。那么，还是刚才那个问题，为什么我必须与学生们建立"交友"关系？

哲人：好的。"交友"是怎么回事呢？为什么我们肩负着"交友"任务呢？我们借助阿德勒的话来思考这个问题。关于"交友"，阿德勒说过，"**我们在交友的时候，会学着用他人的眼睛去看，用他人的耳朵去听，用他人的心去感受。**"

青年：这话前面说过……

哲人：对，共同体感觉的定义。

青年：怎么回事？您的意思是说我们通过"交友"关系学习"人格知识"、掌握共同体感觉？

哲人：不，"掌握"这种说法不对。前面我就说过，共同体感觉是存在于所有人内心的一种"感觉"。不是努力掌握，而是从自己内心挖掘出来。所以，准确地说是"通过交友挖掘出来"。

我们只有在"交友"关系中才能尝试着为他人贡献，不进行"交友"的人根本无法在共同体中找到自己的位置。

青年：请稍等一等！

哲人：不，咱们继续，直到得出结论。此时的问题是究竟在哪里进行"交友"……答案你已经知道了吧。**孩子们最初学习"交友"、挖掘共同体感觉的场所就是学校。**

青年：哎呀，我说让您等等！讨论进行得太快，我根本弄不明白什么是什么！您是说因为学校是学习"交友"的地方，所以要和孩子们成为朋友？！

哲人：这里是很多人都会误解的地方。"交友关系"并不单单止于朋友关系。即使那些不能称为朋友的人，很多时候我们也可以与之建立"交友"关系。阿德勒所说的"交友"是指什么？它为什么会和共同体感觉相关？咱们好好地讨论一下这个问题。

是"信任",还是"信赖"?

青年:我再确认一遍,您并不是说必须与孩子们成为朋友,这没错吧?

哲人:是的。三年前那个白雪皑皑的最后一日,我就解释了"信任"和"信赖"的区别。你还记得吗?

青年:"信任"和"信赖"?您可真是一个不停变换话题的人啊。当然记得,至今依然印象深刻,因为那是我很感兴趣的研究。

哲人:那么,用你的话回顾一下吧。如果是你,会如何解释"信任"?

青年:好的。坦率地说,"信任"就是有条件地相信对方。例如,向银行贷款的时候,银行当然不会无条件地把钱贷出去。银行只有在取得不动产或担保人之类的担保之后才会贷出与之相应的金额,并且还会收取非常可观的利息。这并不是"因为相信你所以放贷",而是一种"因为相信你准备的担保价值所以放贷"的态度。总之,不是相信"那个人",而是相信那个人所具备的"条件"。

哲人:那么,"信赖"是指什么呢?

青年:**在相信他人的时候不附加任何条件**。即使没有值得信任的依据也相信,不考虑什么担保,无条件地相信,这就是"信赖"。相信的是"那个人本身",而不是他所具备的"条件"。也可以说关注的是人性化的价值,而不是物质性的价值。

哲人:的确如此。

青年:如果让我再加上自己的理解,那也就是相信"信任这个人的自己"。因为,如果对自己的判断没有自信,那就一定会要求担保。所以说，**只有信赖自己才能信赖他人。**

哲人：谢谢，你总结得很精彩。

青年：……我是个很优秀的学生吧？我信奉阿德勒的时间比较长，而且还查阅了很多文献进行学习。最重要的是我在教育现场进行了实践。我并不是毫不理解地冲动拒绝。

哲人：那是当然。不过，这一点请不要误解，你既不是我的弟子也不是我的学生。

青年：……哈哈！！您是说，像我这种没礼貌的家伙，已经不配称为弟子了吗？这真是杰作啊，提倡阿德勒的您都发怒了。

哲人：你肯定非常热爱"知识"，毫无疑问也在不断思考以期达到更好的理解。也就是说，你是一个爱知者，一个哲学者。并且，我只不过是与你站在同一水平线上的一个同样热爱"知识"的哲学者，而并非高高在上传授教义的人。

青年：您是说既没有老师也没有弟子，咱们都是对等的哲学者？如果是这样的话，是不是您也有可能承认自己的错误，接受我的意见呢？

哲人：当然。我也有很多东西想要向你学习，事实上，咱们每次交谈我都能获得新的启发。

青年：嗬。即使您给我戴高帽子，我也不会放松批判啊。那么，为何要讲"信任"和"信赖"呢？

哲人：阿德勒提出的"工作""交友""爱"这三大人生课题。它们都与人际关系的距离和深度密切相关。

青年：是的，您已经说过了。

哲人：不过，笼统地说"距离"和"深度"，恐怕很难理解，被误解的时候也很多吧。所以，可以简单地这样理解：**工作和交友就是"是信任还是信赖？"的区别。**

第四章 付出，然后才有收获

青年：信任和信赖？

哲人：是的。**工作关系是"信任"关系，而交友关系则是"信赖"关系。**

青年：什么意思呢？

哲人：工作关系是伴随着某些利害或者外在要素的附带条件的关系。例如，因为碰巧在同一个公司，所以要互相协作。虽然人格方面相互并不喜欢，但因为是客户所以要保持关系，而且也相互提供帮助。但是，离开了工作之后根本不想继续保持关系。这就是由工作利害结成的"信任"关系。不管个人是否愿意，都必须保持关系。

另一方面，**交友根本不存在"必须和这个人交友的理由"**。既不存在利害，也不是受外界要素制约的关系。它是一种由"喜欢这个人"之类的内在动机结成的关系。如果借用你刚才说的话来讲，那就是相信"那个人本身"，而不是他所具备的"条件"。交友显然是"信赖"关系。

青年：啊，又是令人费解的辩论。既然如此，为什么阿德勒不直接使用"工作"或"交友"之类的词呢？一开始就用"信任""信赖"以及"爱"来表述人际关系不就可以了吗？你只是把辩论复杂化来迷惑人罢了！

哲人：我知道了。那么，我尽量简单地说明一下阿德勒选择"工作"一词的理由。

青年确信：恐怕阿德勒把清贫当作美德，认为一切经济活动都很低贱。所以他轻视工作，主张"与学生们建立交友关系"。这真是天大的笑话。青年既为自己是个教育者自豪，又为自己是个职业人而骄傲。我们不是出于爱好或慈善，而是作为职业去从事教育，正因为如此，才能够尽职尽责地干好本职工作。咖啡已经喝完，夜更深了。尽管如此，青年的眼睛依然炯炯有神。

为什么"工作"会成为人生的课题

青年：那么我要问问您，阿德勒究竟如何评价工作？他是不是轻视工作或者说轻视通过工作赚钱呢？这是把容易陷入空洞理想论的阿德勒心理学转变为脚踏实地的实用理论的必不可少的讨论。

哲人：对于阿德勒来说，工作的意义很简单。工作就是在地球这一严酷自然环境中生存下去的生产手段。也就是说，他认为工作是与"生存"紧密相关的课题。

青年：哼，多么平庸啊，总之就是"为吃饭而劳动"吧？

哲人：是的。从生存和吃饭角度去考虑，人当然也必须从事某种劳动。并且，阿德勒关注的是使工作成立的人际关系。

青年：使工作成立的人际关系？什么意思？

哲人：处于自然界中的人类，既没有锋利的牙齿和翱翔的翅膀，也没有坚固的甲壳，可以说身体方面处于劣势。正因为如此，我们人类才选择集体生活、共同抵御外敌守护自身。集体性地狩猎、农耕、保护粮食和自身安全，一起育儿……阿德勒从这一点上得出了一个非常了不起的结论。

青年：什么结论？

哲人：我们人类并不是单纯地结成群体，**人类在此掌握了"分工"这一划时代的劳动方式**。分工是人类补偿身体劣势而发明出的罕见的生存战略……这就是阿德勒的最终结论。

青年：……分工？！

哲人：如果仅仅是结成群体的话，很多动物都在做，但人类是在组成高度分工系统的基础上结成群体。当然，也可以说是为了分工而形成了社会。对阿德勒来说，"工作课题"并非单纯的劳动课题，而是以与他人之间的关联为前提的"分工课题"。

青年：正因为以与他人之间的关联为前提，"工作"才是人际关系的课题？

哲人：正是如此。人为什么要劳动呢？为了生存，为了在这个严酷的自然中活下去。人为什么要形成社会呢？为了劳动，为了分工，生存、劳动以及建立社会，这三者之间密不可分。

青年：……嗯。

哲人：早在阿德勒之前，亚当·斯密等人就已经从经济学角度指出了分工的意义。但是，在心理学领域并且是从人际关系角度倡导分工意义的，阿德勒是第一人。这一关键词明确说明了劳动和社会对于人类的意义。

青年：……哎呀，这是非常重要的课题，请您说得再详细一些。

哲人：阿德勒的发问经常从这么一个要点开始。引用他的话就是，"如果我们生活在不需要劳动就可以获得一切的行星上，那也许懒惰就会是美德，而勤勉是恶习。"

青年：说得真有意思啊！然后呢？

哲人：但是，实际上地球不是那样的环境。粮食极其有限，而且住所也无人为我们提供。那么，我们人类该怎么办呢？劳动，而且不是一个人单独劳动，而是和同伴们一起。阿德勒如此总结，"符合逻辑及常识的答案就是——**我们应该劳动、协作、贡献。**"

青年：终究还是逻辑性的归结。

哲人：这里很重要的一点是阿德勒并没有把劳动本身归为"善"。与道德性的善恶无关，我们必须劳动、必须分工、必须与他人建立关系。

青年：这是超越善恶的结论吧。

哲人：总之，**人类不可以单独生存**。且不说能否耐得了孤独或者是否想要人陪伴，首先生存层面上就活不下去。并且，**为了与他人进行"分工"，就必须相信别人**。与不信任的对象，根本无法协作。

青年：您是说这就是"信任"的关系？

哲人：是的。人类无法选择"不信任"，根本不可能不协作、不分工。并不是因为喜欢那个人所以才协作，而是不得不协作的关系。你可以这样理解。

青年：有意思！哎呀，这太精彩了！工作关系我是理解了。也就是说，为了生存需要分工，为了分工需要相互"信任"。并且，也无可选择。我们不能独自生存，也无法选择不信任，必须建立关系……是这样吧？

哲人：是的。这正是人生的课题。

职业不分贵贱

青年：那么，我还要接着问。不得不信任或者不得不协作的关系，这得限于劳动现场而言吧？

哲人：是的。拿一个最容易理解的例子来说，体育比赛的队员之间就是典型的分工关系。为了赢得比赛，必须超越个人好恶全力协作。因为讨厌所以无视，或者因为关系不好所以不出场，类似的选择根本没有。比赛一旦开始，每个队员必须忘记个人"好恶"，要把队友看成"功能"的一部分而不是看成"朋友"。并且，自己也要努力当好功能的一部分。

青年：……比起关系好来说，更应该优先考虑能力。

哲人：这一点无法逃避。实际上，亚当·斯密甚至断言分工的根源就在于人类的"利己心"。

青年：利己心？

哲人：例如，假设有一位制造弓箭的高手。如果使用他所造的弓箭，命中率和杀伤力都会大大提高。但他并非狩猎高手，不善奔跑、视力也不好，虽然拥有上好的弓箭，但并不擅长狩猎……这时他就会悟出，"自己要专心于制造弓箭。"

青年：哦？为什么？

哲人：如果只专心于制造弓箭，一天就可以制造几组几十组弓箭。如果把这些弓箭分发给擅长狩猎的同伴们，他们就能够捕获比之前更多的猎物。然后，自己分得一些他们拿回来的猎物即可。因为，这对双方来说都是利益最大化的选择。

青年：的确，不仅仅是一起劳动，还应该各自负责自己擅长的领域。

哲人：狩猎高手们如果能够得到性能高的弓箭，那也是最好不过的事情。自己不造弓箭，而是只集中精力狩猎。然后，将捕获的猎物给大家平分……如此，人们就完成了比"集体狩猎"更先进更高级的分工体系。

青年：确实很有道理。

哲人：这里很重要的一点是"谁都不牺牲自己"。也就是，纯粹的利己心的组合使得分工成立。作为追求利己心的结果，一定的经济秩序产生。这就是亚当·斯密所认为的分工。

青年：在分工社会中，"利己"发展到极致就会导致"利他"的结果。

哲人：正是如此。

青年：但是，阿德勒提倡"他者贡献"吧？三年前，你强烈断言，贡献是人生的指针——"引导之星"。优先考虑自己的利益，这种想法不与"他者贡献"相矛盾吗？

哲人：一点儿都不矛盾。首先来看工作关系。通过利害与他人或社会相联系。如此一来，**追求利己心的结果就是"他者贡献"**。

青年：虽说如此，如果进行任务分工的话，就会产生优劣吧？也就是，负责重要工作者和承担无足轻重工作者。这岂不是违背了"平等"原则吗？

哲人：不，一点儿也不违背。如果站在分工这一观点上考虑，职业不分贵贱。国家元首、企业老板、农民、工人或者是一般不被认为是职业的专职主妇，**一切工作都是"共同体中必须有人去做的事情"，只是我们分工不同而已**。

青年：您是说无论什么工作价值都相等？

哲人：是的。关于分工，阿德勒这么说，"人的价值由如何完成共同体中自己被分配的分工任务来决定。"

也就是说，**决定人价值的不是"从事什么样的工作"，而是"以什么样的态度致力"于自己的工作**。

青年：如何致力？

哲人：例如，你辞去图书管理员的工作，选择了教育者之路。现在，眼前有几十名学生，你感觉自己掌握着他们的人生，感觉自己从事了极其重大并且有益于社会的工作。或许甚至还会认为教育就是一切，其他职业都是微不足道的小事。

但是，从共同体整体来考虑的话，无论是图书管理员还是初中教师抑或是其他各种各样的工作，一切都是"共同体中必须有人去做的事情"，并不分优劣。假如有优劣的话，也只是致力于工作的态度。

青年：何为"致力于工作的态度"？！

哲人：原则上，分工关系中很重视每个人的"能力"。例如，企业录用员工时也会以能力高低为判断基准。这并没有错。但是，分工之后的人物评价或者关系状况就不会仅仅以能力进行判断，此时更加重要的是"是否愿意与这个人一起工作"。因为，如果双方不愿意一起工作，就很难相互帮助。

决定"是否愿意与这个人一起工作"或者"这个人遇到麻烦时，是否愿意帮他"的最大要素就是那个人的诚实和致力于工作的态度。

青年：那么，您是说只要诚实而真挚地致力于其中，从事救死扶伤工作的人和乘人之危放高利贷的人，其价值也没有区别？

哲人：是的，没有区别。

青年：嚛！

哲人：我们的共同体中有"各种各样的工作"，所以需要从事各种工作的人，这种多样性正是丰富性所在。如果是没有价值的工作，就不需要任何人去做，很快就会被淘汰。一份工作没有被淘汰而依然存在，这就说明其具有一定的价值。

　　青年：所以高利贷也有价值？

　　哲人：你这么想也很自然。最危险的就是提出何为善何为恶之类并不明朗的"正义"。**醉心于正义的人无法认同异于自己的价值观，最终往往会发展为"正义的干涉"**。而这种干涉的结果就是自由被剥夺、整齐划一的乏味社会。你从事什么工作都可以，而别人从事什么工作也都没有关系。

重要的是"如何利用被给予的东西"

青年：……很有意思，这种阿德勒式的分工实在是很有意思的概念。处于自然界中的人类非常脆弱，根本无法一人独自生存下去。正因为如此，我们结成群体并创造了"分工"的劳动方式。如果是分工的话，即使庞然大物也可以被击败，而且既能够从事农耕，又能够建造住所。

哲人：是的。

青年：并且，分工始于超越好恶地去"信任他人"。我们如果不分工就无法生存，如果不与他人协作就无法生存，这也就是"如果不信任他人就无法生存"。这就是分工关系、"工作"关系。

哲人：是的，例如公路上的交通法规。我们基于信任"所有人都会遵守交通法规"这一前提，才会在绿灯的时候通过。这并不是无条件的信赖，首先左右确认一下。即使如此，我们依然对陌生的他人给予了一定的信任。某种意义上讲，这也是事关"顺利交通"这一共同利害的工作关系。

青年：的确如此。关于分工，目前我尚未找到可以反驳您的点。不过，您不至于忘了吧？这次辩论的出发点是您对我说的"应该与学生们建立交友关系"这句话。

哲人：是的，我没有忘。

青年：但是，按照分工进行考虑的话，您的主张就越来越不合理了。究竟为什么我要与学生们建立交友关系？无论怎么想都应该是工作关系啊。无论是我还是学生都不是主动地选择对方，只不过是被随机分配在一起的陌生人关系。但是，我们必须互相协作，为了管理好班级，顺利实现毕业这一目标。这正是由共同利害结成的"工作"关系。

哲人：很好的问题。那么，在此我们一一回忆一下我们今天的辩论吧。教育的目标是什么？教育者应该做的工作是什么？我们的辩论从这些问题出发。

阿德勒的结论很简单。教育的目标是自立，教育者应该做的工作是"帮助其自立"。关于这一点，你应该也是同意的吧。

青年：是的，我基本认可。

哲人：那么，如何帮助孩子们自立呢？对于这个问题，我说过"要从尊重做起"。

青年：您是说过。

哲人：为什么要尊重呢？尊重又是什么？在此，我们必须回忆一下埃里克·弗洛姆的话。也就是，尊重就是"实事求是地看待一个人""认识到其独特个性"。

青年：我当然记得。

哲人：尊重真实的那个人。你做"你"自己就可以，不必要追求特别，你是"你"自己，仅仅如此就很有价值。通过尊重向孩子们传达这个道理，借此孩子们就会找回受挫的勇气，开始步入自立阶段。

青年：前面的辩论内容确实如此。

哲人：那么，这里又出现了另一个问题，那就是"尊重真实的那个人"这一主张中尊重的定义，其根本内涵是"信任"还是"信赖"呢？

青年：哎？

哲人：不把自己的价值观强加于人，尊重其真实本色。如果说为什么能够做到这一点，那就是因为无条件地接纳信任那个人。**也就是说，因为信赖。**

青年：您是说尊重和信赖同义？

哲人：可以这么讲。反过来说，我们无法"信赖"一个自己并不尊重的对象。**能否"信赖"他人与能否尊重他人紧密相关。**

青年：哈，我明白了。教育的入口是尊重；而尊重就是信赖；然后，基于信赖的关系就是交友关系。就是这样的三段论吧？

哲人：是的。在基于信任的工作关系中，教师无法尊重学生，就像现在的你一样。

青年：……不……，不不，问题不在这里。比如对独一无二的好友无条件地信赖，接纳真实的那个人，如果是这样，完全有可能。

问题不在于信赖这一"行为"，而在于其"对象"。您说要与所有学生建立交友关系，无条件地信赖所有学生。您认为这种事情真的可能吗？

哲人：当然。

青年：如何做到？！

哲人：例如，有的人常常指责周围所有人，"那个人很讨厌""这个人的这一点令人无法忍受"等。然后就哀叹道，"啊，我真不幸。我难逢知己。"

这样的人是不是真的难逢知己呢？不是，绝对不是。不是遇不到朋友，只是不想交朋友，也就是仅仅是他自己不想涉足人际关系而已。

青年：……那么，您是说和任何人都可以成为朋友？

哲人：可以。你与学生们也许是因为偶发性的因素偶然地聚在了一起，也许之前完全是素不相识的陌生人，并且，也许双方并不能成为如你所说的独一无二的好友。

但是，请回忆一下阿德勒"**重要的不是被给予了什么，而是如何去利用被给予的东西**"这句话。**无论什么样的对象，都可以去"尊重"去"信赖"。**因为这并非由环境或对象所左右，而是取决于你自己的决心。

青年：是这样吗？您是说这又是勇气的问题吗？信赖的勇气！

哲人：是的，一切都可以被还原到这一点上。

青年：不对！您根本不懂真正的友情！

哲人：什么意思？

青年：正因为您没有真正的朋友也不懂真正的友情，所以才能说出这种不切实际的话！一直以来，您与他人之间一定都是浅尝辄止的交往。所以才能说出任何人都可以信赖之类的空论！回避人际关系、逃避人生任务的不是别人，正是先生您自己！！

在自然界中，人类非常渺小而又脆弱。为了补偿这种弱小，人类形成社会并创造出"分工"。分工是人类独特的生存战略……这就是阿德勒所说的"分工"。如果话题仅止于此，青年也许会为阿德勒喝彩。但是，接下来哲人谈到的"交友"，青年完全不能接受。虽然谈着那么脚踏实地的分工，但把主题换成交友，最终还是开始大谈"理想"！而且又搬出了"勇气"问题！

你有几个挚友？

哲人：你应该有独一无二的挚友吧？

青年：我不知道对方怎么想。但是，像您说的那样可以"无条件信赖"的朋友只有一个。

哲人：究竟是什么样的人呢？

青年：大学时代的同学。他的志愿是做小说家，我总是第一个读者。他经常在夜深人静的时候突然来到我的住处，激动地说些"我写了个短篇，你看看！"或者"瞧！陀思妥耶夫斯基的小说中有这么一节！"之类的话。即使现在，他每次出了新作也会送给我，我获得教师工作的时候还在一起庆祝。

哲人：他一开始就是你的挚友吗？

青年：那根本不可能吧！友情需要花时间去培养。并非一下子成为好友，而是一起欢笑、一起惊叹、一起干点小坏事，就这样慢慢培养出友情的挚友。有时也会发生激烈的冲突。

哲人：也就是说，他在某个阶段由朋友升格成了"挚友"，对吧？什么时候你开始把他当作挚友的呢？

青年：嗯，是什么时候呢？如果非要说的话，应该就是在确信"对于他我可以推心置腹、无所不谈"的时候吧。

哲人：对普通朋友就不能推心置腹地谈论一切吗？

青年：谁都是如此吧。人都是戴着"社交面具"、隐藏真心地活着。即使见了面可以谈笑风生的朋友，也不会互相展露真正面目。选择话题，选择态度，选择语言，我们都是戴着"社交面具"与朋友接触。

哲人：为什么不在普通朋友面前摘下面具呢？

青年：因为一旦这么做，关系就会破裂！您虽然提倡什么"被讨厌的勇气"，但特意希望被人讨厌的人根本没有。我们戴着面具是为了避免不必要的冲突，防止关系破裂。若非如此，社会就无法运转。

哲人：说得更直接些就是**避免受伤**吧？

青年：……是的，这一点我承认。的确，我既不想受伤也不想伤害别人。但是，戴面具并不仅仅是为了自保，更多的是和善！我们如果仅仅凭着本来面目和真心去生活，那就会伤害很多人。请您想象一下所有人都真心碰撞的社会会是什么样……大约会是一幅血腥恐怖的地狱图吧！！

哲人：但是，在挚友面前却可以摘下面具，即使因此伤害到对方，关系也不至于破裂？

青年：可以摘下面具，关系不会破裂。即使他做一两次不合情理的事情，我也不会因此就想和他断绝关系。因为，彼此之间的关系建立在完全接受了对方优点和缺点的基础之上。

哲人：多好的关系啊。

青年：重要的是能够让自己如此信赖的人世上也没有几个，一生能够遇上五个也许就算幸运了。

那么，接下来请您回答我的问题吧。先生您有真正的挚友吗？听您说话感觉像是一个既没有朋友又不懂友情，整日只知道在空想中与书籍打交道的人。

哲人：当然，我也有好几个挚友。正是像你所说的"可以赤诚相见的朋友"或者"即使他做一两次不合情理的事情，我也不会因此就想和他断绝关系的朋友"。

青年：哦？是什么样的人呢？同学、哲学同仁、阿德勒研究的伙伴？

哲人：比如你。

青年：您……您说什么？！

哲人：以前我也跟你说过吧？对我来说，你是不可替代的朋友之一，我在你面前从未戴过任何面具。

青年：那么，这也可以说是对我无条件地信赖吗？！

哲人：当然。若非如此，咱们的对话也不会成立吧。

青年：……撒谎！

哲人：是真的。

青年：我可不是跟你开玩笑！打算这样操纵人心吗？你这个伪君子！我可不会被你这种花言巧语所骗！！

主动"信赖"

哲人： 你究竟为什么如此固执地否定"信赖"呢？

青年： 我还要问您呢！信赖陌生人而且是无条件地信赖，这究竟有何意义呢？无条件地信赖也就等于说是对他人不加批判地、盲目地信任吧，这不就等于说要让人成为温顺的羔羊吗？！

哲人： 不是的，信赖并非是盲信。质疑那个人的思想信条或者是他说的话。独立思考，保留自己的想法，这并不是什么坏事，而是非常重要的工作。在这个基础上应该做的是**即使那个人撒了谎，也依然相信撒了谎的那个人。**

青年： ……啊？！

哲人： 信赖他人，这并不是盲信一切的被动行为，**真正的信赖是彻彻底底的能动行为。**

青年： 您在说什么呢？

哲人： 比如，我希望能有更多的人了解阿德勒思想，想要传播阿德勒的学说。但是，这个愿望靠我一个人的努力根本无法实现。有了接纳我的话、愿意倾听我的人的"听的意愿"之后，才可能成立。

那么，如何才能让别人倾听并接纳我的话呢？不能强迫别人"相信我"，相不相信是那个人的自由。我能够做的唯有相信自己倾诉的对象，仅此而已。

青年： 信赖对方？

哲人： 是的。如果我对你不信赖，即使向你讲述阿德勒思想，你也不会听吧。这跟言论是否妥当无关，而是一开始就不愿意听。这是理所当然的事情。

但是，我却希望获得信赖，想要你信赖我，并听我讲阿德勒的学说。因此，**我要主动信赖你，哪怕你并不信赖我**。

青年：因为想要获得别人的信赖，所以主动信赖别人？

哲人：是的。例如，不信赖孩子的父母会处处提醒孩子。如此一来，即使他们的话有道理，孩子们也不愿意听。反而，越是有道理的话孩子越想排斥。为什么会排斥呢？因为父母根本不关注自己，也不信任自己，只是一味地说教。

青年：……有道理的话却行不通，这样的事情我也是天天都能体会到。

哲人：我们只相信"信赖自己的人"的话，而不是靠"意见的对错"来判断对方。

青年：这一点我也承认，但最终还是得看意见的对错啊！

哲人：小到普通人之间的口角大至国家间的战争，一切纷争都源于"我的正义"的冲突。"正义"会随着时代、环境或立场而发生变化，哪里都不存在唯一的正义和唯一的答案。过于相信"正确"是一种危险。

在这种情况下，我们希望找到一致点，渴望与他人之间的"联系"，期待与他人联手……如果想要联手，就只有自己先伸出手。

青年：不，这也是一种傲慢的想法！因为，先生说您"信赖"我的时候，其实是在想"所以，你也要信赖我"吧？

哲人：不是，这无法强求。**不管你是否信赖我，我都信赖你，继续信赖**。这就是"无条件"的意思。

青年：现在怎么样呢？我根本不信任您。遭到如此强烈的拒绝和反驳，您也依然可以信赖我吗？

哲人：当然。与三年前一样，我依然信赖你。若非如此，也不可能花费时间如此认真地与你交谈。不信赖他人的人就连正面辩论也做不到,更不可能做到像你所说的"对于他我可以推心置腹、无所不谈"。

青年：……不不不，不可能！这种话，我根本无法相信！

哲人：那也没关系。我会继续去信赖。信赖你，信赖人。

青年：别再说了！难道您还认为自己是宗教家吗？！

第四章　付出，然后才有收获

人与人永远无法互相理解

哲人：我再说一遍，我并不信奉特定宗教。不过，无论是基督教还是佛教，经过数千年磨炼出的思想中一定有不可忽视的"力量"。正因为其包含着一定的真理，所以才能不被淘汰留存下来。例如……哦，对了，你知道《圣经》中提到的"要爱你的邻人"这种说法吧？

青年：是的，当然知道，就是您非常喜欢的邻人爱学说嘛。

哲人：这一学说在重要部分缺失的情况下依然流传了下来。《新约圣经》之《路加福音》中提到**"像爱你自己一样爱你的邻人"**。

青年：像爱你自己一样？

哲人：是的。也就是说，不仅仅是爱邻人，还要像爱自己一样去爱。**如果不能爱自己也就无法爱他人，如果不能信赖自己也就无法信赖他人**。请你这样理解这句话。你之所以一直说"无法信赖他人"其实是因为你不能彻底信赖自己。

青年：您……您说的有些过分了！

哲人：以自我为中心的人并不是因为"喜欢自己"才只关注自己。事实恰恰相反，**正因为无法接纳真实的自己，内心充满不安，所以才只关心自己。**

青年：那么，您是说我因为"讨厌自己"所以才只关注自己？！

哲人：是的，可以这么说。

青年：……哎呀，这是多么令人不愉快的心理学！

哲人：关于他人也是一样。比如，人想起闹翻的恋人之时，往往很长时间内脑海中浮现的净是对方讨厌的地方。这是因为你想要令自己认为"分开真好",其实也证明了自己依然没有真正下定决心。如果不对自己说"分开真好",心就会再次动摇,请你想一想这样的阶段。

另一方面,如果可以平静地想起昔日恋人的优点,那就意味着你已经不需要特意去讨厌,已经从对那个人的感情中解脱出来了……总之,问题不在于"喜欢还是讨厌对方",而在于"是否喜欢现在的自己"。

青年: 不。

哲人: 你还没有做到真正喜欢自己,所以你才无法信赖他人,也无法信赖学生并与之建立交友关系。

正因为如此,你才想要通过工作获得归属感,想要通过在工作方面有所成就来证明自己的价值。

青年: 那又有什么不好呢?!通过工作获得认同,也就是被社会认同!

哲人: 不对。原则上说来,通过工作获得认同的是你的"功能",而不是"你"。如果有一个"功能"更好的人出现,周围的人就会转向他。这就是市场原理、竞争原理。结果,你总是无法摆脱竞争旋涡,也不可能获得真正的归属感。

青年: 那么,怎么做才能获得真正的归属感呢?!

哲人: "信赖"他人,建立交友关系,只有这一个办法。**我们如果仅仅是投身于工作的话,根本无法获得幸福。**

青年: 但是……即使我信赖别人,也并不知道别人是否信赖我并愿意与我建立交友关系啊!!

哲人: 这里就需要"课题分离"。他人怎么想你、对你什么态度,这是自己根本无法控制的他人的课题。

青年: 哎呀,这太奇怪了。但是,如果以"课题分离"为前提来考虑的话,我们与他人之间就会永远无法理解吧?

第四章　付出，然后才有收获

哲人：当然，我们根本不可能完全"理解"对方的想法。去相信作为"无法理解的存在"的他人，这就是信赖。**正因为我们人类是无法互相理解的存在，所以才只能选择信赖。**

青年：哎？！你说的不还是宗教吗？！

哲人：阿德勒是一位拥有信赖人勇气的思想家。不，从他当时所处的境况来看，也许只能选择信赖。

青年：什么意思？

哲人：这正是一个好机会，我们来回顾一下阿德勒倡导"共同体感觉"概念的经过。"共同体感觉"概念是在哪里怎样产生的呢？为什么阿德勒要下决心提倡这一思想呢？当然，这其中有重大理由。

人生要经历"平凡日常"的考验

青年：共同体感觉产生的理由？

哲人：阿德勒与弗洛伊德断绝关系之后，将自己的心理学命名为"个体心理学"，那是在第一次世界大战爆发之前的 1913 年。可以说，阿德勒心理学一开始便被卷入了世界大战。

青年：阿德勒自己也上战场了吗？

哲人：是的。第一次世界大战一开始，当时 44 岁的阿德勒便作为军医被征召入伍，在陆军医院精神神经科工作。当时军医被委派的任务只有一个，那就是为住院的士兵们实施治疗，尽快把他们送回到前线。

青年：……竟然是送回到前线。既然如此，为什么还要治疗呢？！太不可思议啦！

哲人：正如你所说。治好康复的士兵被重新送回前线，如果治不好也不能回归社会。对于因幼年时失去弟弟而立志当医生的阿德勒来说，军医的任务实在是充满痛苦。后来阿德勒回顾军医时代的事情时说，"品味到了犯人一样的感觉。"

青年：哎呀哎呀，这种工作光想想就令人心痛。

哲人：就这样，作为"结束一切战争的战争"，第一次世界大战开始了。这是一场前所未有的大战，许许多多的非战斗人员也被卷入其中。这场战争为整个欧洲带来了巨大的灾难。当然，这场悲剧也给以阿德勒为代表的心理学家们带来了极大的影响。

青年：具体讲呢？

哲人：例如，弗洛伊德经过这场大战之后开始提倡被称为"毁坏冲动、攻击本能或死本能"的"死亡驱力"。这是一个有各种各样解释的概念，眼前我们可以把它看成"对生命的破坏冲动"之类的东西。

青年：如果不从人类具有这种冲动的角度考虑，也无法解释摆在眼前的悲剧。

哲人：也许是这样吧。另一方面，以军医的立场直接经历了这场大战的阿德勒则提倡与弗洛伊德完全相反的"共同体感觉"。可以说这是值得大书特书的一点。

青年：为什么会在这个时候提出共同体感觉呢？

哲人：阿德勒是一个彻底的实践主义者。可以说他并不是像弗洛伊德一样去思考战争、杀人以及暴力的"原因"，而是探索"**如何能够阻止战争**"。

人类渴望战争、杀人或暴力吗？并非如此。人类都具有视他人为同伴的意识也就是共同体感觉，如果能将这种共同体感觉培养起来就可以防止战争。并且，我们具备完成这一任务的力量……**阿德勒相信人类**。

青年：……但是，他这种追求空洞理想的主张当时就被批判为非科学的思想。

哲人：是的，他当时受到了很多批判也失去了许多同伴。但是，**阿德勒的主张并不是非科学的思想**，而是建设性的思想。因为他的原理中的原则是"重要的不是被给予了什么，而是如何去利用被给予的东西"。

青年：但是，至今世界依然战争不断。

哲人：的确，阿德勒的理想尚未实现，甚至不知道能否实现。不过，我们可以朝着这一理想前进。正如作为个体的人可以不断成长一样，**人类应该也可以不断成长**。我们不能因为眼前的不幸而放弃理想。

青年：您是说只要不放弃理想，总有一天将不再有战争？

哲人：特蕾莎修女被问到"为了世界和平，我们应该做些什么？"的时候，她这样回答，"回家之后请善待家人。"阿德勒的共同体感觉也是一样。不是为世界和平做什么，而是**首先信赖眼前的人，与眼前的人交朋友**。这样在日常生活中积累起来的信赖总有一日足以平息国家间的争斗。

青年：只考虑眼前的事就可以了吗？！

哲人：不管怎样只能从这一点开始。如果想要让世界远离战争，**首先必须自己从争斗中解放出来**。如果你想要获得学生们的信赖，首先自己必须信赖学生。不是高高在上地对大家指手画脚，而是**作为整体一部分的自己先迈出第一步**。

青年：……三年前您也说过"应该由你开始"这样的话吧？

哲人：是的。"必须有人开始。即使别人不合作，那也与你无关。我的意见就是这样。应该由你开始，不用去考虑别人是否合作。"这是被问到共同体感觉实效性时阿德勒的回答。

青年：世界会因为我的一步而改变吗？

哲人：可能会改变，也可能不会改变。但是，现在不必考虑结果如何。你能做的就只有去信赖最亲近的人。

人类并非只有在遇到考试、就职或结婚之类具有象征意义的人生大事的时候才需要面对考验及决断。对于我们来说，平凡的日常生活也是一种考验，在"此时此刻"的日常中也需要做出许许多多的重大决断。逃避这些考验的人根本无法获得真正的幸福。

青年：嗯。

哲人：在讨论天下大事之前，请首先去关心自己的邻人，关注平凡日常中的人际关系。我们能做的仅此而已。

青年：……呵呵呵，就是"像爱你自己一样爱你的邻人"吗？

付出，然后才有收获

哲人：好像你还有无法接受的地方吧？

青年：很遗憾，还有很多。确实如先生指出的一样，学生们都轻视我。不，不仅仅是学生们，世上的大多数人都不认可我的价值，无视我的存在。

如果他们尊重我，倾听我谈话，我的态度也会改变吧，或者甚至有可能去信赖他们。但是，现实并非如此，大家总是小看我。

在这种情况下能够做的事情只有一件，唯有通过工作证明自己的价值，信赖或尊重之类的事情都在这之后！

哲人：也就是说，他人应该先尊重我，为了获得他人的尊重，自己努力在工作上取得成就？

青年：正是如此。

哲人：也有些道理。那么，请你这样想。无条件地信赖他人、尊重他人，这是"给予"行为。

青年：给予？

哲人：是的。换成金钱也许更容易理解。能够"给予"他人一些财物的基本是比较富裕的人。假如自己手里没有相应的积蓄，那也就无法给予别人。

青年：哎呀，如果是金钱的话也许是这样。

哲人：而你现在不想有任何付出却只求"收获"，简直就像是乞丐一样。这不是金钱方面的贫困，而是心灵贫困。

青年：太……太没礼貌了……！！

哲人：我们必须保持心灵富裕，并将其中的积蓄给予他人。不是坐等他人的尊重，而是自己主动去尊重、信赖他人……绝不能成为心灵贫困的人。

青年：这种目标既不是哲学也不是心理学！

哲人：呵呵呵。那么，我再给你介绍一句《圣经》中的话吧，"祷告，然后才有收获"这句话你知道吧？

青年：是的，时常听到的一句话。

哲人：如果是阿德勒，他一定会说"**付出，然后才有收获**"。

青年：……什……什么！！

哲人：只有付出才能有收获，不能坐等"收获"，不能成为心灵的乞丐……这是继"工作"和"交友"之后人际关系方面又一个非常重要的观点。

青年：又……又一个，也就是……

哲人：今天一开始我就说过了，也许所有的讨论都将集中在"爱"这一点上。阿德勒所说的"爱"是一个最严肃、最困难、最考验人勇气的课题。另一方面，要想理解阿德勒，就必须步入"爱"的阶梯。不，甚至可以说唯有如此才可以理解阿德勒。

青年：步入阿德勒必经的阶梯……

哲人：你有继续攀登的勇气吗？

青年：如果您不先把这一阶梯解释清楚的话，我无法回答。是否攀登，了解清楚之后再决定。

哲人：明白了。那么，我们就来思考一下人生课题的最终关口、理解阿德勒思想的重要阶梯——"爱"。

第五章　选择爱的人生

青年想，的确如此。今天的辩论，哲人一开始就预告过了，一切问题或许都会集中到"爱"的讨论。谈了这么长时间，终于到"爱"的问题了。关于"爱"，究竟跟这个男人谈些什么好呢？关于"爱"，我又知道些什么呢？低头一看，笔记本上写满了就连自己也看不清的潦草字迹。青年有些不安，像是无法忍受这种沉默似地笑了一下。

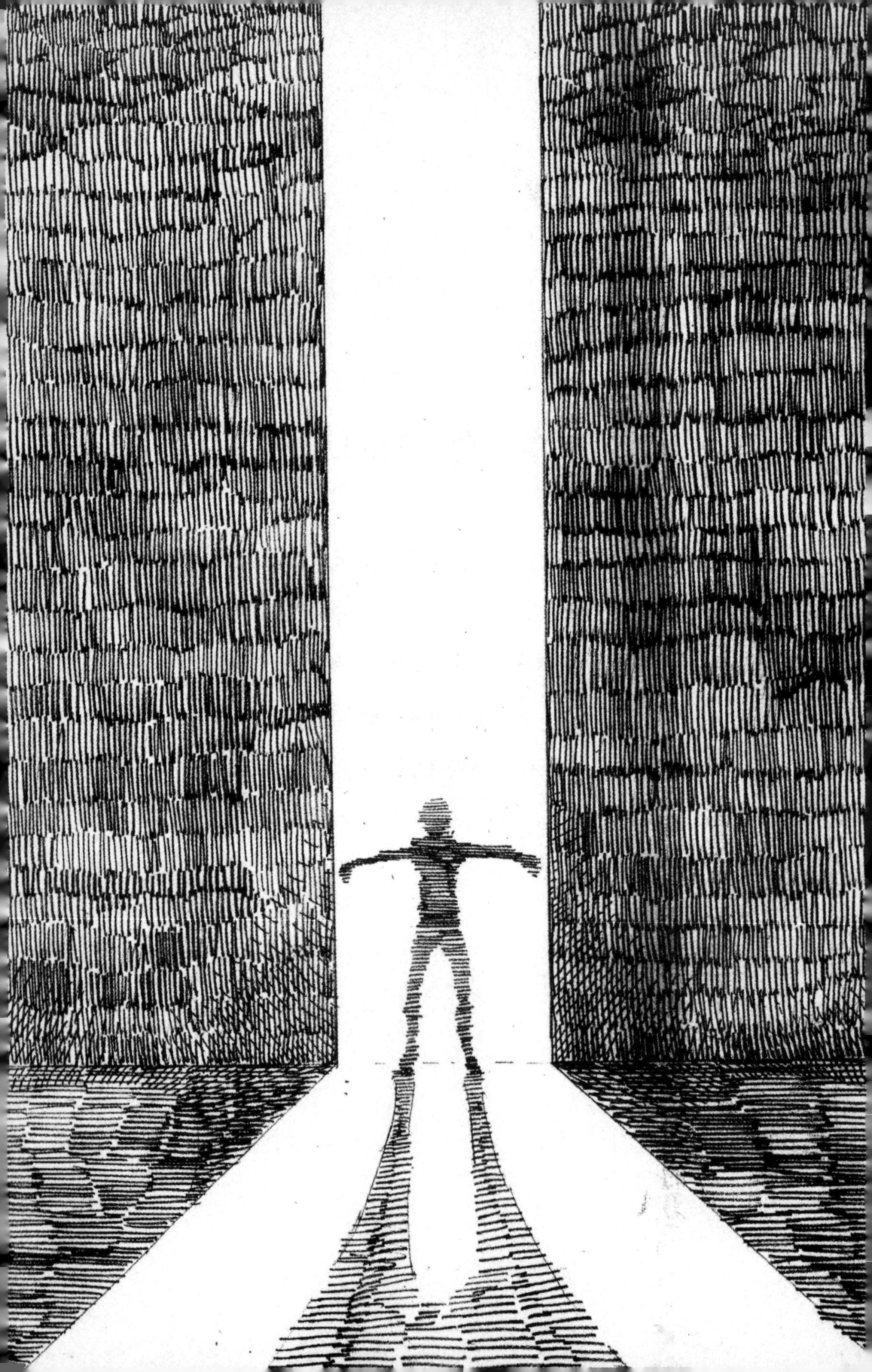

第五章 选择爱的人生

爱并非"被动坠入"

青年：呵呵呵，即使如此依然很奇怪啊。

哲人：怎么了？

青年：真是太好笑了。在这狭小的书房里，两个邋里邋遢的大男人凑在一起谈论"爱"。而且是在这样的深夜里！

哲人：乍一想也许是不常见的。

青年：那么，我们要谈些什么呢？谈一谈先生的初恋故事吗？坠入爱情的红颜哲学青年，其命运如何？嘿嘿，看上去很有意思嘛。

哲人：……正面谈论恋情或爱的时候，人们往往会害羞。年轻的你像这样开玩笑的心情我也很理解。不仅仅是你，很多人都是一提到爱就闭口不谈，或者始终是一些枯燥的泛泛而谈。结果，社会上所谈论的爱大多都没有抓住其本质。

青年：嗬，您很从容啊。顺便问一下，您说的这个关于爱的"枯燥的泛泛而谈"是指什么呢？

哲人：比如，一味强调崇高、痛恨不纯洁、将对方神化的爱；或者与此正相反，受性冲动驱使的动物式的爱；还有，希望将自己的遗传基因留给下一代的生物学的爱。社会上所谈论的爱大致都以这些类型为中心吧。

的确，对于这些类型的爱我们都给予一定的理解，也承认爱具有这些侧面，但同时也应该注意到"仅仅如此还很不够"。因为，这些谈论的只是唯心的"神之爱"和本能的"动物之爱"，**根本不愿谈及具体的"人类之爱"**。

青年：……既不是神性也不是动物性的"人类之爱"。

哲人：那么，为什么人们不愿涉及具体的"人类之爱"呢？为什么人们不想谈论真正的爱呢？你怎么看这个问题？

青年：哎呀，谈论爱的时候人们会感到害羞，这一点正如您所指出的一样，因为这是最想隐藏起来的私人性的话题吧。当然，如果是带有宗教色彩的"人类之爱"，人们会很乐意谈。因为，从某种意义上来说，这只不过是他人的事，是空谈。但是，关于自己的恋爱，往往很难说出口。

哲人：因为这是进退两难的"我"的事情？

青年：是的，这好比脱掉衣服赤身裸体一样害羞。并且，还有一点，坠入爱情的一瞬间，大多是"无意识"的作用。所以，这实在很难用逻辑性的语言进行解释。

这就跟被戏剧或电影感动的观众无法解释自己哭泣的理由一样。因为，如果是语言能够说明的合理的眼泪，那眼泪也就不会流下来了。

哲人：的确。爱情是"被动坠入"，恋爱是无法控制的冲动，我们只能被其带来的风暴所摆弄……是这样吧？

青年：当然。恋爱无法计划，谁都不能控制。正因为如此，才会发生罗密欧与朱丽叶之类的悲剧。

哲人：……明白了。恐怕我们现在谈论的是关于爱的常识性见解。但是，**阿德勒就是一位质疑社会常识，挖掘其他角度，提倡"反常识"的哲学家**。比如，关于爱，他这么说，"爱并非像一部分心理学家所认为的那样，**它不是纯粹或者自然的功能**"。

青年：……什么意思？

哲人：也就是说，对于人来说的爱，既不是由命运决定的事情，又不是自发的事情。我们并不是"被动坠入"爱。

第五章　选择爱的人生

青年：那么，爱是什么呢？

哲人：爱需要培养起来。如果仅仅是"被动坠入"的爱，那谁都可以做到。这样的事情不值得称为人生课题。**正因为它需要在意志力的作用下从无到有慢慢培养起来，所以爱的课题才非常困难。**

很多人根本不懂这一原则就想去谈论爱，所以，也就只能说一些与人毫不相关的"命运"或者动物性"本能"之类的词。把对自己来说本应是最重要的课题看作意志或努力范围之外的事情，不加正视，进一步说就是不**"主动去爱"**。

青年：不主动去爱？！

哲人：是的。主张"被动坠入之爱"的你也一定是这样吧。我们必须思考既不是神性又不是动物性的"人类之爱"。

从"被爱的方法"到"爱的方法"

青年：关于这一点，可以提出很多反证。我们都有过坠入爱情的经历，先生也不例外吧，只要是活在这个世界上的人都经历过几次爱的风暴和无法抑制的爱的冲动。也就是说，"被动坠入的爱"确实存在。这一事实您承认吧？！

哲人：请你这么想。假设你想要一部相机，在商店橱窗里偶然看到的德国制双镜头反光照相机，你被它深深地吸引。虽然它是一部你从未碰过的、连对焦方式都不懂的相机，但你却特别想得到。你想随身携带着它任意拍照……也可以不是相机，包、车、乐器，什么都可以。那种心情你可以想象吧？

青年：是的，很明白。

哲人：这种时候，你简直就像是坠入爱情一样被这部相机所吸引，被无法抑制的欲望"风暴"所袭击。闭上眼睛就能浮现出它的样子，耳中甚至可以听到按动快门的声音，根本无心去想其他任何事情。如果是孩童时代，或许还会在父母面前撒娇耍赖百般央求。

青年：……哎……哎呀。

哲人：但是，一旦实际到手，半年不到就厌倦了。为什么一到手就厌倦呢？因为你原本就并不是想用德国制的相机"拍照"。**只是想要获得、拥有、征服它而已**……你所说的"被动坠入的爱"其实就是这种拥有欲和征服欲。

青年：总而言之，"被动坠入的爱"就好比是被物欲迷住？

哲人：当然，因为对方是活生生的人，所以很容易赋予这种爱浪漫的故事。但是，**本质上和物欲一样。**

青年：……呵呵呵，这可真是杰作。

哲人：怎么了？

青年：……人可真是令人捉摸不透啊！主张邻人爱的您怎么能说出这么具有虚无主义色彩的话来？！什么是"人类之爱"？！什么是反常识？！这种思想趁早丢给满身污水的老鼠去吧！！

哲人：恐怕你对我们的辩论前提有两点误解。首先，你关注的是穿着水晶鞋的灰姑娘与王子结合之前的故事；但是，阿德勒关注的是电影拉上帷幕之后，**两个人结合以后的"关系"。**

青年：结合以后的……关系？

哲人：是的。即使从热烈相爱到结婚，那也不是爱的终点。结婚是真正意义上考验两个人爱的开始。因为，现实的人生从此拉开了序幕。

青年：……也就是说，阿德勒所说的爱是指婚姻生活？

哲人：这就是另一点。据说对热衷于演讲活动的阿德勒，被听众问得最多的是恋爱方面的问题。世上有很多提倡"被他人爱的方法"的心理学者。怎么做才能获得意中人的爱？或许人们期待阿德勒也能就此给出建设性意见。

但是，阿德勒所说的爱完全不同于此。**他一贯主张的是能动的爱的方法，也就是"爱他人的方法"。**

青年：爱的方法？

哲人：是的。要理解这一观点，不仅仅是阿德勒，最好也听听埃里克·弗洛姆的话。他出版了畅销世界的名为《爱的艺术》的著作。

的确，获得他人的爱很难。但是，**"爱他人"更是难上好几倍的课题。**

青年：这种玩笑话，谁会信呢？！爱这种事，即使坏人也会。困难的是被爱！即使说恋爱的烦恼全都集中在这一句话上也不为过。

哲人：曾经我也这么认为。但是，了解了阿德勒并通过育儿活动实践了其思想，懂得了更博大的爱的存在之后，现在的我持完全相反的意见。这是与阿德勒思想本质相关的部分……一旦懂得了爱的困难，你也就理解了阿德勒思想。

第五章　选择爱的人生

爱是"由两个人共同完成的课题"

青年：不，我绝不会让步！如果仅仅是爱，谁都能够做到，无论性格多么乖僻的人也无论是多么无能的人都能爱上别人，也就是说，人人可以爱他人。但是，获得他人的爱却极其困难。

我就是一个很好的例子。我外表就这样，而且在女性面前常常会满脸通红、声音变细、目光游离，既没有社会地位也没有经济实力，而且令人苦恼的是性格还很乖僻。哈哈，爱我的人在哪里呢？！

哲人：你在之前的人生中有没有爱过谁呢？

青年：……有……有啊。

哲人：爱那个人简单吗？

青年：根本不是困难或简单的问题！察觉到的时候就已经坠入爱中，不知不觉就爱上了，那个人终日在脑海中萦绕，怎么都挥之不去。这不就是爱这种感情吗？！

哲人：那么，现在你还爱着谁吗？

青年：……不。

哲人：为什么？爱不是很简单吗？

青年：哎，可恶！跟你谈话简直就像是在跟不懂感情的机器说话！"去爱"简单，肯定很简单。但是，"遇上值得爱的人"很难！！问题是"与值得爱的人相遇"！

一旦遇上值得爱的人，爱的风暴就会席卷而来，那可是你想阻止都阻止不了的激情风暴！

哲人：明白了。爱不是"艺术"问题，而是"对象"问题。对于爱来说，重要的不是"如何去爱"，而是"爱谁"。是这个意思吧？

青年：那是当然！

哲人：那么，阿德勒如何定义爱的关系呢？我们来确认一下。

青年：……总归是一些肉麻的理想论吧。

哲人：最初，阿德勒说："关于一个人完成的课题或者二十人共同完成的工作，我们都接受过相关教育。但是，关于**两个人共同完成的课题**，却并未接受过相关教育。"

青年：……两个人共同完成的课题？

哲人：例如，就连翻身都做不到的婴儿慢慢学会双腿站立、到处走动，这是谁都无法代替的"一个人完成的课题"。站立、走路、掌握语言并学会交流，或者是哲学、数学、物理学之类的学问，这一切都属于"一个人完成的课题"。

青年：是这样。

哲人：与此相对，工作是"与同伴共同完成的课题"。即使看似由一个人完成的工作，比如绘画之类的工作，其中也一定有协作者存在，制作画笔或颜料的人、生产画布的人、制造画架的人以及画商和购买者。根本没有任何工作可以脱离与他人之间的联系或协作。

青年：是的，正是如此。

哲人：并且，关于"一个人完成的课题"和"与同伴共同完成的课题"，我们会在家庭或学校里接受充分的教育。是这样吧？

青年：嗯，是的，我的学校也教给学生这些。

哲人：但是，关于"由两个人共同完成的课题"，我们却从未接受过相关教育。

青年：这个"由两个人共同完成的课题"……

哲人：就是阿德勒所说的"爱"。

青年：也就是说，爱是"由两个人共同完成的课题"。但是，我们没有学习完成它的"方法"……这样理解可以吗？

哲人：是的。

青年：……呵呵呵，您也知道这些我全都无法接受吧？

哲人：是的，这只不过是入口而已。对于人类来说，爱是什么？它与工作关系、交友关系有何不同？还有，我们为什么必须爱他人？……黎明将近，我们剩的时间不是很多了，咱们抓紧时间一起思考一下吧。

变换人生的"主语"

青年：那么，我就直截了当地问了。爱是"由两个人共同完成的课题"……这句话看似是说了些什么，但实际上什么也没说。究竟由"两个人"共同完成什么？

哲人：幸福，过上幸福生活。

青年：嚄，回答得倒很干脆啊！

哲人：我们都希望获得幸福，追求更加幸福的生活，这一点你同意吧？

青年：当然。

哲人：并且，我们为了获得幸福必须涉入人际关系之中。人类的烦恼全都是人际关系的烦恼，而人类的幸福也全都是人际关系的幸福。这也是我反复强调过的话。

青年：是的。正因为如此，我们才必须面对人生课题。

哲人：那么，具体来讲，对人类来说，幸福是什么呢？三年前的那个时候，我讲述了阿德勒关于幸福的结论，也就是"**幸福即贡献感**"。

青年：是的，这是相当大胆的结论。

哲人：阿德勒说过：**我们都是只有在感到"我对某人有用"的时候才能够体会到自己的价值**。体会到自己的价值之后，才能获得"可以在这里"之类的归属感。另一方面，我们无法知道自己的行为是否真的对别人有用，即使眼前的人表现得非常高兴，原则上我们也不可能知道他是否真的高兴。

在此就出现了"贡献感"这个词。如果我们拥有"我对别人有用"之类的主观感觉也就是贡献感，这就足够了。没有必要再继续寻求依据，从贡献感中寻找幸福，从贡献感中获得喜悦。

我们通过工作关系可以感受到自己对别人有用，我们通过交友关系可以感受到自己对别人有用，如果是这样，幸福就在其中。

青年：是的，这一点我认同。坦率地说，这是我目前为止接触过的幸福论中最简单也最容易理解的内容。正因为如此，对通过爱过上"幸福生活"的论调反而无法理解。

哲人：或许是吧。那么，请你想一想关于分工的讨论。分工的根本原理是"我的幸福"，也就是利己心。**彻底追求"我的幸福"的结果就是给别人带来幸福**，分工关系成立，可以说是健全的利益交换发挥作用。你还记得这些话吗？

青年：是的，非常有趣的讨论。

哲人：另一方面，使交友关系成立的是"你的幸福"。对于对方，不需要担保或抵押，无条件地信赖。这里并不存在利益交换的想法，**通过一味信赖、一味给予的利他态度，交友关系才会产生**。

青年：付出，然后才有收获？

哲人：是的。也就是说，我们通过追求"我的幸福"建立分工关系，通过追求"你的幸福"建立交友关系。那么，爱的关系成立又是追求什么的结果呢？

青年：……那应该是爱人的幸福、崇高的"你的幸福"吧？

哲人：不对。

青年：噢！那么，爱的本质是利己主义，也就是"我的幸福"？！

哲人：这也不对。

青年：那么，究竟是什么呢？！

哲人：既不是利己地追求"我的幸福"，也不是利他地期望"你的幸福"，而是**建立不可分割的"我们的幸福"**。这就是爱。

青年：……不可分割的我们？

哲人：是的。**阿德勒提出了比"我"或"你"更高一级的"我们"。**关于人生的所有选择，都遵循这一顺序。既不优先考虑"我"的幸福，也不只是满足"你"的幸福，只有"我们"两个人都幸福才有意义。"由两个人共同完成的课题"就是这么回事。

青年：既利己又利他？

哲人：不是。既"不"是利己又"不"是利他。爱并非兼顾利己和利他两个方面，而是两者都排除。

青年：为什么？

哲人：……因为"人生的主语"发生了变化。

青年：人生的主语？！

哲人：我们自出生以来一直都是用"我"的眼睛观察世界，用"我"的耳朵聆听声音，在人生中追求"我"的幸福，所有人都是如此。但是，当懂得真正的爱的时候，**"我"这一人生主语就变成了"我们"**。既不是利己心又不是利他心，而是在全新的准则下生活。

青年：但是，那"自我"岂不是有可能消失了？

哲人：正是。**为了获得幸福生活，就应该让"自我"消失。**

青年：什么？！

第五章　选择爱的人生

自立就是摆脱"自我"

哲人：爱是"由两个人共同完成的课题",通过爱让两个人过上幸福生活。那么,为什么爱可以带来幸福呢?一言以蔽之,**因为爱就是从"自我"中解放出来。**

青年：从自我中解放出来?!

哲人：是的。一来到世上我们便君临了"世界中心",周围的人都关心"我",不分昼夜地哄我、喂我、照顾我,"我"笑世界也笑,"我"哭世界也动摇,简直就像是君临家庭这一王国的独裁者。

青年：哎呀,至少现代社会是这样。

哲人：这种类似于独裁者的绝对力量,其力量源泉是什么?阿德勒断言其为"脆弱",**孩童时代的我们通过"脆弱"支配大人们。**

青年：……正因为是脆弱的存在,周围人都必须帮助?

哲人：是的,"脆弱"在人际关系中是极具杀伤力的武器,这是阿德勒在长期临床经验中得出的重大发现。

我介绍一位少年的例子。他害怕黑暗。到了晚上,母亲在卧室里把他哄睡,然后关上灯出去。然后,他总是哭。因为一直不停地哭,所以母亲就会回来问他"为什么哭啊"。停止哭泣的他就会细声回答"因为太黑啦"。觉察出儿子"目的"的母亲就会叹口气问"那么,妈妈来了之后就明亮些了吗"。

青年：呵呵,的确如此!

哲人：黑暗本身不是问题,这个少年最害怕、最想逃避的是母亲离开。阿德勒断言道:"他通过哭泣、呼喊、不睡觉或者其他手段把自己变成一个累赘，借此努力将母亲留在自己身边。"

青年：通过展示脆弱来支配母亲。

哲人：是的。再次引用阿德勒的话就是："曾经他们生活在有求必应的黄金时代。于是，他们中有人依然认为：只要一直哭闹、充分抗议、拒绝合作，就能够再次得到想要的东西。他们并不把人生和社会看作一个整体，而是只聚焦于自己的个人利益。"

青年：……黄金时代！的确如此。对孩子们来说，那就是黄金时代！

哲人：选择他们这种生活方式的并不仅仅是孩子，**很多大人也试图以自己的脆弱或不幸、伤痛、不得志以及精神创伤为"武器"来控制他人**，想要让他人担心、束缚他人言行、支配他人。

阿德勒把这种大人称为"被惯坏的孩子"，并严厉批判这种生活方式（世界观）。

青年：啊，我也很讨厌这种人！他们认为哭可以了事，还认为摆出自己的伤痛就可以免罪。并且，他们还将强者看作"恶"，并企图把脆弱的自己扮成"善"！如果按照这些人的逻辑，我们根本不可以变得强大！因为，变强大就意味着把灵魂出卖给恶魔，陷入"恶"中！！

哲人：但是，这里必须考虑的是孩子们特别是新生儿身体上的劣势。

青年：新生儿？

哲人：原则上来说，孩子们无法独立生活。如果不通过哭泣也就是展示自己的脆弱来支配周围的大人，令其按照自己的愿望行动，那他们甚至会有性命之忧。他们并不是因撒娇或任性而哭泣，而是为了生存不得不君临"世界中心"。

青年：……嗯！的确。

哲人：所有人都是从几乎过剩的"自我中心性"出发，若非如此就无法生存。但是，**我们不能总是君临"世界中心"，必须与世界和解，**

明白自己是世界的一部分……如果能理解这些，今天反复谈论的"自立"一词的意思也就会迎刃而解。

青年：……自立的意思？

哲人：是的。为什么教育的目标是自立？为什么阿德勒心理学把教育当作最重要的课题之一进行考虑？自立一词包含着什么样的意思？

青年：请指教。

哲人：**自立就是"脱离自我中心性"。**

青年：……

哲人：正因为如此，阿德勒才把共同体感觉叫作"social interest"，并称其为对社会的关心、对他人的关心。我们必须脱离顽固的自我中心性，放弃做"世界中心"，必须摆脱"自我"，**必须摆脱被娇惯的孩子时代的生活方式。**

青年：也就是说，当摆脱自我中心性的时候，我们才可以渐渐实现独立？

哲人：正是如此。人可以改变，可以改变生活方式，可以改变世界观或人生观。而爱就是将"我"这一人生主语变成"我们"。**我们通过爱从"自我"中解放出来，实现自立，在真正意义上接纳世界。**

青年：接纳世界？！

哲人：是的。懂得爱之后，人生的主语就会变成"我们"，这是人生新的开始。**仅仅开始于两个人的"我们"很快就会扩展到整个共同体乃至整个人类。**

青年：这就是……

哲人：共同体感觉。

青年：……爱、自立以及共同体感觉！！什么？！如此一来，阿德勒思想的一切不都联结起来了吗？！

哲人：是的。我们目前正在接近一个重大结论，让我们一起跳入深渊吧。

哲人开始谈论的"爱"与青年预想的完全不同。爱是"由两个人共同完成的课题"，在这里必须追求的既不是"我"的幸福又不是"你"的幸福，而是"我们"的幸福。唯有如此，我们才可以脱离"自我"，才可以从自我中心性中解放出来，实现真正的自立。自立就是脱离孩童时代的生活方式，摆脱自我中心性。青年感觉自己将要打开一扇大门，门前等待自己的是辉煌的光明还是深邃的黑暗……无从知晓，唯一知道的就是自己已经触到命运的门把手。

爱究竟指向"谁"

青年：……深渊通向哪里？

哲人：思考爱和自立关系时一个无法回避的课题就是亲子关系。

青年：啊……明白，是的，是的。

哲人：刚出生不久的孩子无法靠自己的力量活下去，有了他人，原则上来说是母亲的不断献身才能维系生命。现在我们能够活在这里正是因为有母亲或父亲的爱和献身，认为"我的成长过程中没有得到过任何人的爱"的人不应该无视这一事实。

青年：是的，这是世上最美好、最无私的爱。

哲人：但换一个角度看，这里的爱也蕴含着妨碍美好亲子关系形成的非常麻烦的问题。

青年：什么？

哲人：虽说是君临"世界中心"，但孩童时代的我们只能依靠父母生存。"我"的生命由父母掌控，一旦被父母抛弃就有可能无法活下去。孩子们能够非常充分地理解这一点。并且，有一天他们会察觉到，"我"正因为被父母爱着，所以才能活下去。

青年：……的确。

哲人：而正是在这个时期，孩子们会选择自己的生活方式。自己生活的这个世界是什么样的地方？那里生活着什么样的人？自己是什么样的人？**这些"对待人生的态度"靠自己的意志选择**……你知道这一事实意味着什么吗？

青年：不……不知道。

哲人：我们选择自己生活方式的时候，其目标只能是"如何被爱"。作为性命攸关的生存战略，我们都会选择"被爱的生活方式"。

青年：被爱的生活方式？！

哲人：孩子是非常优秀的观察者。思考自己所处的环境，摸清父母的性格、脾气，如果有兄弟姐妹就会衡量其位置关系、思量各自性格，在充分考虑什么样的"我"才会被爱的基础上来选择自己的生活方式。

例如，据此有的孩子会选择听父母话的"好孩子"生活方式；或者正相反，也有的孩子会选择事事排斥、拒绝、反抗的"坏孩子"生活方式。

青年：为什么？一旦成为"坏孩子"，不是就不会被爱了吗？

哲人：这是常常被误解的一点，通过哭闹、发怒、喊叫进行反抗的孩子并非不能控制感情。**他们是在充分控制感情之后选择的这些行为**。因为他们感觉如果不这样做就无法获得父母的爱和关注，进而自己的生命就会有危险。

青年：这也是生存战略？！

哲人：是的。"被爱的生活方式"完全是自我中心式的生活方式，它一直在摸索如何集中他人的关注、如何站在"世界中心"。

青年：……事情终于能够联系起来了。也就是，我的学生们做出各种各样的问题行为也是基于自我中心性。他们的问题行为源于"被爱的生活方式"，您说的是这个意思吧？

哲人：不仅仅如此。恐怕你自身目前采用的生活方式也是基于出自孩童时代生存战略的"如何被爱"这一基准。

青年：什么？！

哲人：你还没有做到真正意义上的自立，你依然停留在作为"某人的孩子"的生活方式上。如果想要帮助学生们自立、希望成为真正的教育者，首先你自身必须得自立。

青年： 为什么你要说这种毫无根据的话？！我凭自己的能力获得这个教职并生活在社会之中，按照自己的意志选择工作，靠自己的劳动养活自己，根本不向父母要一分钱。我已经自立了！

哲人： 但是，你依然不爱任何人。

青年： ……哼！！

哲人： 自立既不是经济方面的问题也不是就业方面的问题，而**是对待人生的态度、生活方式的问题**……今后你也一定会下定决心去爱某个人，那时候就能告别孩童时代的生活方式，实现真正的自立。因为，**我们通过爱他人能渐渐成熟起来。**

青年： 通过爱变成熟……？！

哲人： 是的。**爱是自立，是成熟。正因为如此，爱非常困难。**

怎样才能夺得父母的爱

青年：但是，我已经从父母那里独立出来了！根本不想获得他们的爱！不从事父母希望的职业，在低薪的大学图书馆里工作，现在又选择了教育者这条道路。我下定决心，即使亲子关系因此出现裂痕也无所谓，被父母讨厌也无所谓，至少对我来说，就职就是摆脱"孩童时代的生活方式"！

哲人：……你家是有哥哥和你兄弟两人吧？

青年：是的，哥哥继承了父亲经营的印刷厂。

哲人：恐怕你并不想与家人走一样的路。也许对你来说，重要的是"与大家不同"。如果从事与父亲和哥哥一样的工作，就无法获得关注，体会不到自己的价值。

青年：什……什么？！

哲人：不仅仅是工作。从幼年时代起，无论做什么，哥哥年长、力气大、经验也丰富，所以你难以取胜。那么，你怎么办呢？

阿德勒这么说："一般情况下，家里最小的孩子往往会选择与其他家人完全不同的道路。也就是说，如果是科学者家庭，那孩子也许会成为音乐家或商人。如果是商人家庭，那孩子也许会成为诗人。必须时常与其他人保持不同。"

青年：控诉！那是对愚弄人的自由意志的控诉！

哲人：是的。关于兄弟姐妹的位次，阿德勒也只说了这种"倾向"。但是，自己所处的环境具有什么样的"倾向"，还是可以了解一下。

青年：……那么，哥哥呢？哥哥具有什么"倾向"？

第五章　选择爱的人生

哲人：第一个孩子或是独生子女最大的特权是拥有"独占父母之爱的时代"。在第一个孩子之后出生的孩子没有"独占"父母的经历，常常有抢先的竞争者，很多情况下会被置于竞争关系之中。

不过，曾经独占父母之爱的第一个孩子由于弟弟或妹妹的出生，其地位不得不随之下降。无法平衡这种挫折的第一个孩子会认为有一天自己应该再次恢复原来的权力。用阿德勒的话讲就是，**他们往往会成为"过去的崇拜者"，形成保守的、对未来十分悲观的生活方式。**

青年：呵呵呵。的确，我哥哥就具有这种倾向。

哲人：十分理解力量和权威的重要性，喜欢行使权力，重视规矩约束，正是保守的生活方式。

不过，弟弟或妹妹出生的时候，如果已经接受了协作或援助方面的教育，第一个孩子也许会成为优秀的领导者，模仿父母照顾弟弟或妹妹，并从中获得喜悦、理解贡献的意义。

青年：那么，第二个孩子呢？我是第二个孩子也是最后一个孩子，第二个孩子有什么"倾向"？

哲人：阿德勒说典型的第二个孩子一眼就能看出来。第二个孩子往往有一个走在自己前面的领跑者，于是，第二个孩子内心深处往往存在"想要追上"的想法，想要追上哥哥或姐姐。为了追赶必须加快速度，他们甚至不断激励自己，努力追赶、超越、征服哥哥或姐姐。与重视规矩约束、比较保守的第一个孩子不同，他们甚至希望能够颠覆出生顺序这一自然法则。

因此，**第二个孩子希望革命**，他们并不像第一个孩子那样努力维护既有权力，而是企图颠覆既有权力。

青年：……您是说我也有这种性急的革命家"倾向"？

哲人：这我并不了解。因为，这种分类只是帮助理解人类，并不能决定什么。

青年：那么，最后，独生子女又是怎样的情况呢？上下都没有竞争者，应该可以一直处于权力宝座之上吧？

哲人：的确，独生子女没有作为竞争者的兄弟姐妹。但是，这种情况下，父亲也许会成为竞争者。过于希望独占母亲的爱，结果就会视父亲为竞争者。这种环境容易滋生恋母情结。

青年：嘀，这种想法有点儿弗洛伊德的色彩。

哲人：不过，阿德勒更加重视的是独生子女所具有的心理不安。

青年：心理不安？

哲人：首先，一边看着周围的人一边担心自己什么时候也会有弟弟或妹妹，怕自己的地位受到威胁，特别害怕新的王子或新的公主诞生。此外，更应该注意的是父母的怯懦。

青年：父母的怯懦？

哲人：是的。独生子女的父母中有的夫妇认为"无论是在经济方面还是精力方面，自己都没有能力再养育更多的孩子"才只要一个孩子，他们不管实际经济状况如何。

据阿德勒看来，他们中的许多人对人生充满胆怯、十分悲观。家庭氛围也会充满不安，对唯一的孩子施加过大压力，令其烦恼不堪。特别是在阿德勒时代，一般家庭都有多个孩子，所以，这一点就被着重强调。

青年：……父母们也不可以一味地爱孩子。

哲人：是的。毫无止境的爱常常会变成支配孩子的工具，所有的父母都必须树立"自立"这一明确目标，与孩子们建立平等关系。

青年：并且，无论生在什么样的父母身边，孩子们都不得不选择"被爱的生活方式"。

哲人：是的。你不顾父母反对坚持选择图书管理员的工作，现在又选择了教育者之路，但仅仅如此还不能说你已经取得了自立。也许是想要通过选择"不同的道路"赢得兄弟间的竞争，获得父母的关注。亦或许是想要通过在"不同的道路"上实现什么，让自己的人生价值获得认可。又或许是想要颠覆既有权力，登上新的王座。

青年：……如果是这样的话？

哲人：**你被认同需求所束缚，活着只考虑如何被他人爱或者怎样获得他人的认同，就连自己选择的教育者这条路或许也是以"获得他人认同"为目的的"他人希望的我"的人生。**

青年：……这条路？！作为教育者的人生？！

哲人：只要依然保持孩童时代的生活方式，就无法排除这种可能性。

青年：哎呀，你知道什么？！仔细听来，你是在任意捏造别人的家庭关系，甚至想要否定作为教育者的我吧？！

哲人：自立并不能通过就职来完成，这一点是肯定的。我们或多或少都活在父母爱的支配之下，在只能希求被父母爱的时代，我们选择了自己的生活方式。并且，**在不断强化"被爱的生活方式"中渐渐长大。**

要想摆脱被给予的爱的支配，只能拥有自己的爱。主动去爱，既不是等待被爱也不是等待命运安排，而是按照自己的意志去爱某个人。唯有如此。

人们害怕"去爱"

青年：……一般什么都还原为"勇气"问题的你这次打算用"爱"来处理一切吗？

哲人：爱和勇气密切相连。你还不懂爱，惧怕爱，回避爱，因此，依然保留着孩童时代的生活方式。因为你缺乏拥抱爱的勇气。

青年：惧怕爱？

哲人：弗洛姆说："人在意识上害怕不被爱，但事实是**无意识中惧怕爱**。"并且，他还说："爱是明明没有任何保证却依然会发起行动，抱着自己如果爱的话对方心中也一定会产生爱这样的希望，全心全意地自我奉献。"

例如，在察觉到对方好意的那一瞬间，就开始注意那个人，不久就会喜欢上对方，这种事经常有吧？

青年：是的，甚至可以说大部分恋爱都是这种情况。

哲人：这种状态就是即使自己判断失误，也能够确保"被爱的保证"，感到了担保之类的东西，例如"那个人一定喜欢自己"或者"应该不会拒绝自己的好意"等。并且，我们能够依靠这种担保逐渐加深爱。

另一方面，弗洛姆所说的"主动去爱"根本不需要这样的担保。**不管对方如何看自己，只是去爱**，投身爱中。

青年：……不可以为爱寻求担保。

哲人：是的。为什么人要为爱寻求担保呢？你明白吗？

青年：不想受伤，不愿伤心。是这样吧？

哲人：不，不是这样。是认为"肯定会受伤"，基本确信"一定会伤心"。

青年：什么？！

哲人：你还无法爱自己，做不到尊重自己、信赖自己。因此，你就会认为在爱的关系中"肯定会受伤"或"一定会伤心"，认为不可能有人爱这样的自己。

青年：……但是，这难道不是事实吗？！

哲人：我没什么优点，所以，无法与任何人建立爱的关系，不能涉足没有担保的爱……这种想法是典型的**自卑情结**，因为这是**把自己的自卑感当作不解决课题的借口**。

青年：但……但是……

哲人：分离课题。爱是你的课题，但是，对方如何回应你的爱，那是他人的课题，你根本无法掌控。你能做的唯有分离课题，**自己先去爱**。

青年：……哎呀，我先整理一下。的确，我还不能爱自己，抱着极大的自卑感，甚至发展成了自卑情结，本应该分隔开的课题也无法进行分离。倘若客观判断现在的辩论，也许是这样吧。

那么，怎样才能消除我的自卑感呢？结论只有一个——接纳"这样的我"，邂逅爱我的人！若非如此，根本不可能爱自己！

哲人：也就是说，你的立场是"如果你爱我的话，我就爱你"？

青年：……嗯，简单说的话，是这样。

哲人：结果，你只关注"这个人是否爱我？"看似是在关注对方，其实是只关注自己。谁会爱这种一直持观望态度的你呢？

如果说有满足我们这种自我中心需求的人，那或许只有父母。因为，父母的爱，特别是母亲的爱完全是无条件的。

青年：……你当我是小孩吗？！

哲人：好吧，那个"黄金时代"已经结束了。并且，世界也不是你的母亲。你必须正视并更新自己隐含的孩童时代的生活方式，不可以被动等待爱自己的人出现。

　　青年：啊，这完全是来回兜圈子！

第五章　选择爱的人生

不存在"命中注定的人"

哲人：不可以止步不前，咱们再前进一步。今天一开始，关于教育的辩论中，我说到了两件"无法强迫的事"。

青年：……是尊重和爱吧？

哲人：是的。无论什么样的独裁者都无法强迫别人尊重自己，在尊重关系中，只能自己主动去尊重别人。归根结底，无论对方态度如何，自己能做的仅此而已。这我已经说过了。

青年：而且，爱也一样？

哲人：是的，爱也不能强求。

青年：但是，有一个重大问题先生还没有回答。即使是我也想要去爱某个人，坦率地说，的确有。完全不同于对爱的恐惧，是渴望爱的心情。那么，为什么却不涉足爱呢？

重点是因为还没能遇到"值得爱的人"！因为没能遇到命中注定的人，所以无法实现爱！恋爱最大的难关就是"遇到对的人"！

哲人：你是说真实的爱始于命中注定的邂逅？

青年：当然。因为对方是自己将要奉上人生，甚至改变人生"主语"的人。绝不能将自己的一切交付给一个不可靠的人！

哲人：那么，什么样的人是"命中注定的人"呢？也就是说，如何察知命运？

青年：不知道……"那个时刻"到来的时候，一定能够明白吧。对我来说，这是一个未知的领域。

哲人：的确。那么，首先我来回答一下阿德勒的基本立场吧。无论是恋爱还是人生其他一切事情，**阿德勒根本不认可"命中注定的人"**。

青年：不存在"命中注定的人"？！

哲人：不存在。

青年：……等等，这一点我必须记清楚！

哲人：为什么很多人在恋爱中追求"命中注定的人"呢？为什么对结婚对象抱着浪漫的幻想呢？关于其中的理由，阿德勒认为是"**为了排除一切候选人**"。

青年：排除候选人？

哲人：即使像你这样感叹"没有邂逅"的人，实际上也几乎是每天都在遇到一些人。只要没有特殊情况，一年之中遇不到任何人的人根本没有……你也常常遇到很多人吧？

青年：如果仅仅是处在同一个场所也算的话。

哲人：但是，要将这种简单的"相遇"发展成某种"关系"的话，那需要一定的勇气。比如，主动搭腔或者写信。

青年：是的，的确如此。岂止需要一定的勇气啊？是需要最大限度的勇气。

哲人：所以，没有足够的勇气涉足"关系"的人会怎么做呢？沉迷于"命中注定的人"这一幻想之中……好比现在的你这样。

明明值得爱的人就在眼前，但却找各种理由退却，说什么"不是这个人"，并自欺欺人地认为"一定还有更理想、更完美、更有缘分的人"。根本不想进一步发展关系，亲手排除一切候选人。

青年：……不……不是。

哲人：就这样，通过设定一个过大的、根本不存在的理想来回避与现实的人交往，这才是**感叹"没有邂逅"的人的真实面目**。

青年：我在逃避"关系"？

哲人：并且**活在幻想之中**。你认为幸福会不请自来，常常在想："虽然现在幸福还没有到来，但只要遇到命中注定的人，一切都会好起来。"

青年：……可恶！啊，你的话太可恶了！

哲人：的确，这话不好听。但是，如果思考一下追求"命中注定的人"的"目的"，辩论自然而然就会归结到这一点上。

爱即"决断"

青年：那么，我来问问。假如不存在"命中注定的人"，我们靠什么决定结婚？结婚可是从这广大的世界选择独一无二的"这个人"吧？难道是靠容貌、财富或者地位之类的"条件"进行选择？

哲人：结婚不是选择"对象"，而是选择自己的生活方式。

青年：选择生活方式？！那么，"对象"是谁都无所谓吗？

哲人：归根结底是这样。

青年：别开玩笑了！！这种论调谁会承认呢？！请收回！马上收回！！

哲人：我承认这一说法会遭到很多人的反对，但是，**我们可以爱任何人**。

青年：别开玩笑了！如果是这样的话，在大街上随便找一位素不相识的女性，你可以爱上她并与之结婚吗？

哲人：如果我决心这么做的话。

青年：决心？！

哲人：当然，很多人都是感觉与某人的相遇是"命运安排"，然后凭着直觉决定结婚。但这并不是冥冥中被安排好的命运，而仅仅是**自己决心"相信是命运安排"**。

弗洛姆说："爱某个人并非单单出于激烈感情，**这是一种决心、决断、约定**。"

相遇的形式如何都无所谓。如果下定决心从此建立真正的爱，面对"由两个人完成的课题"，那么，我们与任何人之间都有可能产生爱。

青年：……您注意到了吗？先生您正在贬低自己的婚姻！我的妻子

并非命中注定的人，结婚对象是谁都可以！！您敢在家人面前这么说吗？！如果是这样的话，那您就是一个荒唐的虚无主义者！！

哲人：这并不是虚无主义，而是现实主义。阿德勒心理学否定一切决定论，排斥命运论。根本不存在"命中注定的人"，我们不可以被动等待那个人出现。被动等待的话，什么都不会改变。这一原则必须坚持。

但是，当我们回顾与伴侣一起走过来的漫长岁月时，往往会感觉是"命运的安排"。这里所说的命运并不是冥冥中被安排好的东西，也不是偶然降临的东西，而是由两个人的努力慢慢构建起来的东西。

青年：……什么意思？

哲人：你已经明白了吧……**命运靠自己的手创造出来。**

青年：……

哲人：我们绝不可以成为命运的仆人，必须做命运的主人。不是去追求命中注定的人，而是建立起可以称得上命运的关系。

青年：但是，具体怎么做呢？！

哲人：**跳舞**。不去想未知的将来也不去考虑根本不存在的命运，只是与眼前的伴侣一起**舞动"现在"**。

阿德勒认为舞蹈是"由两个人共同完成的游戏"，他也广泛地向孩子们推荐。爱情和婚姻正如两个人一起跳的舞蹈，不去想将会走向何处，牵着对方的手，关注今天的幸福与此时此刻的感动，不停旋转不停律动。你们跳动过来的长长的舞蹈轨迹，人们就会称其为"命运"。

青年：爱情和婚姻是由两个人跳动的舞蹈……

哲人：你现在只是站在人生这一舞场的角落里旁观着跳舞的人们。感叹"不会有人愿意与这样的自己跳舞"，并在内心深处焦急等待着"命中注定的人向自己伸出邀请之手"。就这样，咬紧牙关拼命守护着自己，以免更加伤心更加讨厌自己。

　　你应该做的只有一件事：**牵起身边人的手，尽情尽力地去跳舞。命运由此开始。**

第五章　选择爱的人生

重新选择生活方式

青年：在舞场角落旁观的男人……呵呵呵，你依然还是这么瞧不起人啊……不过，即使我也有想要跳舞的时候，而且也实际去跳过。也就是说，我也有过恋人。

哲人：嗯，是的。

青年：但是，那并不是可以结婚的关系。我和她并不是因为相爱才交往，双方都只是想找一个"男朋友"或"女朋友"。两人也都很清楚那是迟早会结束的关系，一次也没有谈过未来，更不用说考虑结婚了。就是那种很短暂的临时关系。

哲人：很多人年轻的时候都有这种关系吧。

青年：并且，一开始我就对她不太满意。心想，"虽然有各种不满意，但自己也没有资格奢望太多。自己也就配这样的对象。"她也一定是这样选择的我吧。哎呀，现在想来那真是应该感到羞愧的想法，即使现实就是不能过多奢望。

哲人：你能正视这种想法已经很了不起了。

青年：所以，我一定要问一问。先生您究竟是如何下定决心结婚的？不存在"命中注定的人"，也不清楚两个人未来会如何，甚至很有可能会遇到更好的人。一旦结婚的话，这种可能性也就消失了。既然如此，我们，不，是先生您，又是如何下定决心与独一无二的"这个人"结婚的呢？

哲人：想要获得幸福。

青年：哎？

哲人：如果爱这个人的话，自己能够更幸福，下定决心结婚是出于这种想法。现在想来，那应该是一种追求超越了"我的幸福"的"我们的幸福"的心理。但是，当时的我根本不知道阿德勒思想，也从未理性地思考过爱情和婚姻，只是想要获得幸福，仅此而已。

青年：我也是这样！人都是渴望幸福才开始交往。但是，这和结婚是两回事吧！

哲人：……你渴望的不是"获得幸福"，而是更廉价的"获得快乐"吧？

青年：……什么？！

哲人：爱的关系中并非全是快乐，必须承担的责任很大，还会有辛苦和无法预料的苦难。**即使如此，你依然可以去爱吗？**无论遇到什么样的困难也要爱这个人并一起走下去，你有这个决心吗？你可以许下这样的诺言吗？

青年：爱的……责任？

哲人：例如，有的人一边说着"喜欢花"，一边却任其枯萎，忘记浇水，也不倒盆，把花摆在美观的地方，根本不考虑其向阳性。的确，这个人也喜欢观赏花，这是事实，但却称不上"爱花"。爱是一种更具献身精神的行为。

你的情况也一样。你一直在回避爱应该背负的责任，只是贪恋爱的果实，既不为花浇水又不修剪。这就是短暂的、享乐性的爱。

青年：……明白了！我并不爱她！只是巧妙地利用了她的好意！

哲人：不是不爱，是**不懂"主动去爱"**。如果懂得主动去爱，或许你也可以和那位女士建立"命中注定"的关系。

青年：和她？我和她？！

哲人：弗洛姆说，"爱是一种信念行为，只有一点点信念的人就只能爱一点点。"……如果是阿德勒的话,也许会把这里的"信念"换成"勇气"吧。你只有一点点勇气,所以,也就只能爱一点点。不具备爱的勇气,试图止步于孩童时代的被爱的生活方式。仅此而已。

青年:如果有爱的勇气,我和她……

哲人:……是的。爱的勇气,也就是"获得幸福的勇气"。

青年:您是说那时如果有"获得幸福的勇气",我就会爱上她,面对"由两个人完成的课题"?

哲人:并且也已经实现自立了。

青年:……不……不明白!可是,只有爱,唯有爱吗?!我们要想获得幸福,真的只有爱吗?!

哲人:只有爱。只想"轻松"或者"快乐"地活着的人即使能够得到短暂的快乐,也无法获得真正的幸福。**我们只有通过爱他人才能从自我中心性中解放出来,只有通过爱他人才能实现自立。并且,只有通过爱他人才能找到共同体感觉。**

青年:但是,您那时不是已经说过了吗?!幸福就是贡献感,"如果拥有贡献感,就能获得幸福"。这难道是谎言吗?!

哲人:不是谎言。问题是获得贡献感的方法或者说生活方式。本来,人的存在本身就会对某些人有贡献。不是看得见的"行为",而是通过自己的"存在"做着贡献。根本没必要做什么特别的事情。

青年:撒谎!我根本没有这种体会!

哲人:那是因为你以"我"为主语活着。**如果懂得爱并以"我们"为主语活着,事情就会发生变化。你就会感受到仅仅活着就可以互相贡献,包括全人类在内的"我们"。**

青年:……您是说感受到不仅仅是同伴,而是包括全人类在内的"我们"?

哲人：也就是共同体感觉……好了，我不能进一步涉足你的课题了。但是，如果你要我给你个建议的话，我就会说"**主动去爱、自立起来、选择人生**"。

青年：主动去爱、自立起来、选择人生？！

哲人：……你看！东方的天空已经开始发白了。

青年现在真心理解了阿德勒所说的爱。如果我有"获得幸福的勇气"，我也许会爱上某个人，重新选择人生。也许会实现真正的自立，遮挡着视线的浓雾转瞬就会散去。但是，有些事情青年还不知道：云开雾散之后并非乐园一样的美丽草原；主动去爱、自立起来、选择人生，这是一条多么艰难的道路。

第五章　选择爱的人生

保持单纯

青年：……结论是什么？

哲人：到此结束吧。并且，今夜是最后一次会面。

青年：哎？

哲人：这个书房不该是你这样的年轻人常来的地方。并且，最重要的是你是个教育者，你应该待的地方是教室，你应该对话的对象是作为未来主人的孩子们。

青年：但是，问题还没有解决！如果就此结束，我肯定还会迷失方向。因为还没有到达阿德勒的阶段！

哲人：……的确还没有开始攀登。但是，你已经到达第一个台阶处了。三年前我就说过"**世界很简单，人生也是一样**"。然后，在结束这次讨论之前，我就只附加一点。

青年：什么？

哲人：世界很简单，人生也是一样。但是，"**保持单纯很难**"。因为这需要不断经受"平凡日常"的考验。

青年：啊！！

哲人：如果仅仅是了解阿德勒、赞同阿德勒、接受阿德勒，人生并不会因此改变。人"最初的一步"很重要。只要跨越了第一步，就没有问题。当然，最大的转折点也是"最初的一步"。

但是，实际的人生、平凡日常的考验始于踏出"最初的一步"之后。**真正考验的是继续走下去的勇气**。这一点就像哲学一样。

青年：日常生活确实是一种考验！！

哲人：今后你也许还会多次与阿德勒发生冲突，可能也会产生怀疑。或许会想要停止步伐，也或许会因爱而疲惫，想要寻求被爱的人生。并且，也许会想要再次探访这个书房。

但是，到那时候，请你与孩子们——这些属于新时代的朋友们一起交谈。并且，如果可能的话，请用你们的手去更新阿德勒思想，而不是原封不动地继承。

青年：由我们来更新阿德勒思想？！

哲人：阿德勒并不希望自己的心理学被教条化地固定下来，只在专家中进行传承。他把自己的心理学定位为"**所有人的心理学**"，**并希望其作为人们的常识流传下去**，尽量远离学院世界。

我们并非手拿永久不变的经典的宗教人士。并且，阿德勒也不是神圣不可侵犯的教主，而是一位与我们平等的哲学者……时代在不断前进，新的技术、新的关系、新的烦恼也会随之而生，人们的常识也会随着时代慢慢变化。正因为我们珍惜阿德勒思想，所以才必须不断更新它。绝不可以成为原教旨主义者。这是生活在新时代的人被赋予的使命。

致将要创造新时代的朋友们

青年：……先生今后有什么打算？！

哲人：肯定还会有闻风而来的年轻人。因为，无论时代怎么变，人们的烦恼不会变……请你记住，我们所拥有的时间很有限。然后，既然时间有限，那么所有人际关系的成立都是以"分别"为前提。这话并不是虚无主义，现实就是我们**为了分别而相遇**。

青年：……是的，的确。

哲人：如果是这样，我们能做的事情也许就只有一件。**在所有的相遇与人际关系中，不断朝着"最佳分别"努力**。唯有如此。

青年：朝着最佳分别不断努力？！

哲人：不断付出努力，以便有朝一日分别的时候，可以无憾地说"与这个人相遇、一起度过的日子很对很值得"。无论是在与学生们之间的关系中还是在与父母之间的关系中，以及与爱人之间的关系中，都是如此。

例如，假设你现在与父母之间的关系突然终止，或者是与学生们之间的关系、与朋友之间的关系突然终止，你能够把它当作"最佳分别"平静接受吗？

青年：不……不。这实在是……

哲人：那么，你只能今后努力建立起可以做到这一点的关系，"**认真活在当下**"就是这个意思。

青年：还来得及吗？现在开始还来得及吗？

哲人：来得及。

青年：但是，实践阿德勒思想需要时间。先生不也说过吗？"恐怕要花费人生一半的时间"！

哲人：是的。但这是阿德勒研究者的见解，阿德勒说了与此完全不同的话。

青年：什么话？

哲人：有人问"人的变化有期限吗"？阿德勒回答说"的确有期限"。然后他调皮地微笑了一下，又补充道"**直到生命的最后一天**"。

青年：……哈哈！太高明了！

哲人：开始去爱吧。然后，与爱的人一起不断朝着"最佳分别"努力。根本没必要去在意期限之类的问题。

青年：您认为我能做到吗？这种不断的努力？

哲人：当然。自从我们三年前见面以来，你一直在付出努力。并且，现在也正要迎来"最佳分别"。对于我们一起度过的时间应该也没有一丝后悔。

青年：……是的、是的！完全没有！

哲人：能够以如此神清气爽的心情告别，我感到很骄傲。对我来说，你是最好的朋友。谢谢！

青年：哎呀，我当然很感激。您能这么说我真的很感激。但是，自己能配得上您的话吗？我没有这个自信！这真的有必要成为永远的分别吗？咱们不能再见面了吗？

哲人：这是作为爱知者也就是作为哲学者的你的自立。三年前，我已经说过了吧？答案不是从别人那里获得，而是要靠自己的手去发现。你已经做好了这个准备。

青年：从先生这里自立起来……

哲人：这次我看到了一个重大的希望。你的学生们从学校毕业后，

第五章　选择爱的人生

不久就会爱上某人、实现自立、成长为真正的大人。当这样的学生数十数百地增长的时候，或许时代就会追上阿德勒。

青年：……这正是三年前我立志走教育之路时的目标！

哲人：创造这种未来的是你，不要迷茫。看不清未来，这说明未来有无限可能。**正因为我们看不清未来，所以才能成为命运的主人。**

青年：是的，完全看不清！什么也看不到！

哲人：我从未收过弟子，即使对你也是倍加小心地接触，尽量避免产生师徒意识。但是，应该传达的全都传达之后的现在，我感觉终于明白了。

青年：明白了什么？

哲人：我一直寻找的既不是弟子也不是接班人，而是一个伴跑者。你作为一个具有相同理想的、无可替代的伴跑者，助我鼓起勇气继续前行。今后，无论你在哪里，我都会感受到你的存在。

青年：……先生！！跑！我和您一起跑！任何时候都一起跑！！

哲人：来，昂起头走回教室。学生们在等着你。新的时代，你们的时代在等着你！

在与外界隔绝的哲人的书房，踏出这扇门，外面又是混沌的世界，噪声、冲突、无尽的日常在等着。"世界很简单，人生也是一样。""但是，保持单纯却非常困难，那里有平凡日常的无尽考验。"的确如此。即使这样，我依然要再次投身于混沌世界，因为我的同伴、我的学生都生活在这广大的混沌世界之中，因为我生活的地方也在那里……青年深深地吸了一口气，下定决心打开了现实之门。

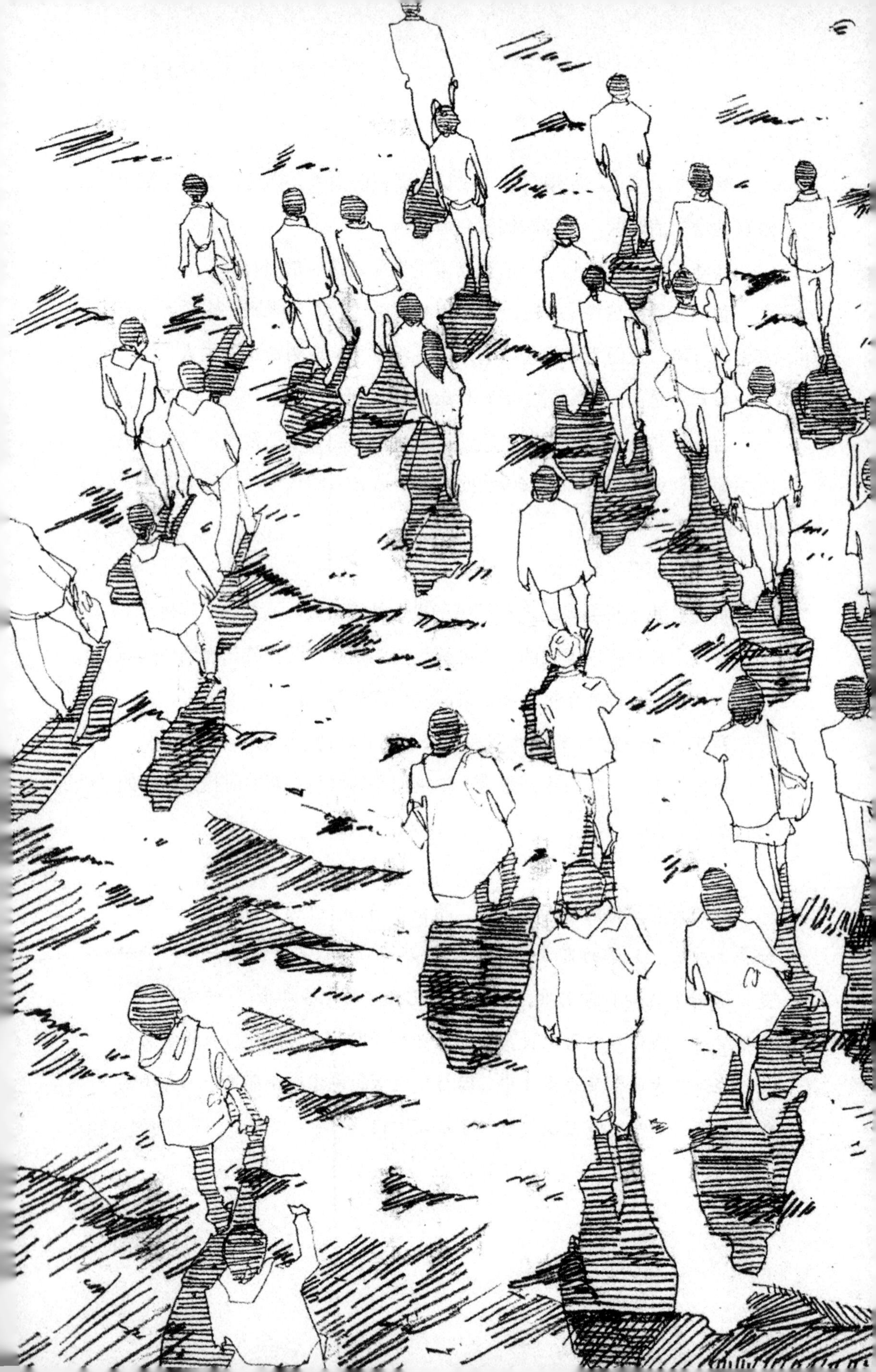

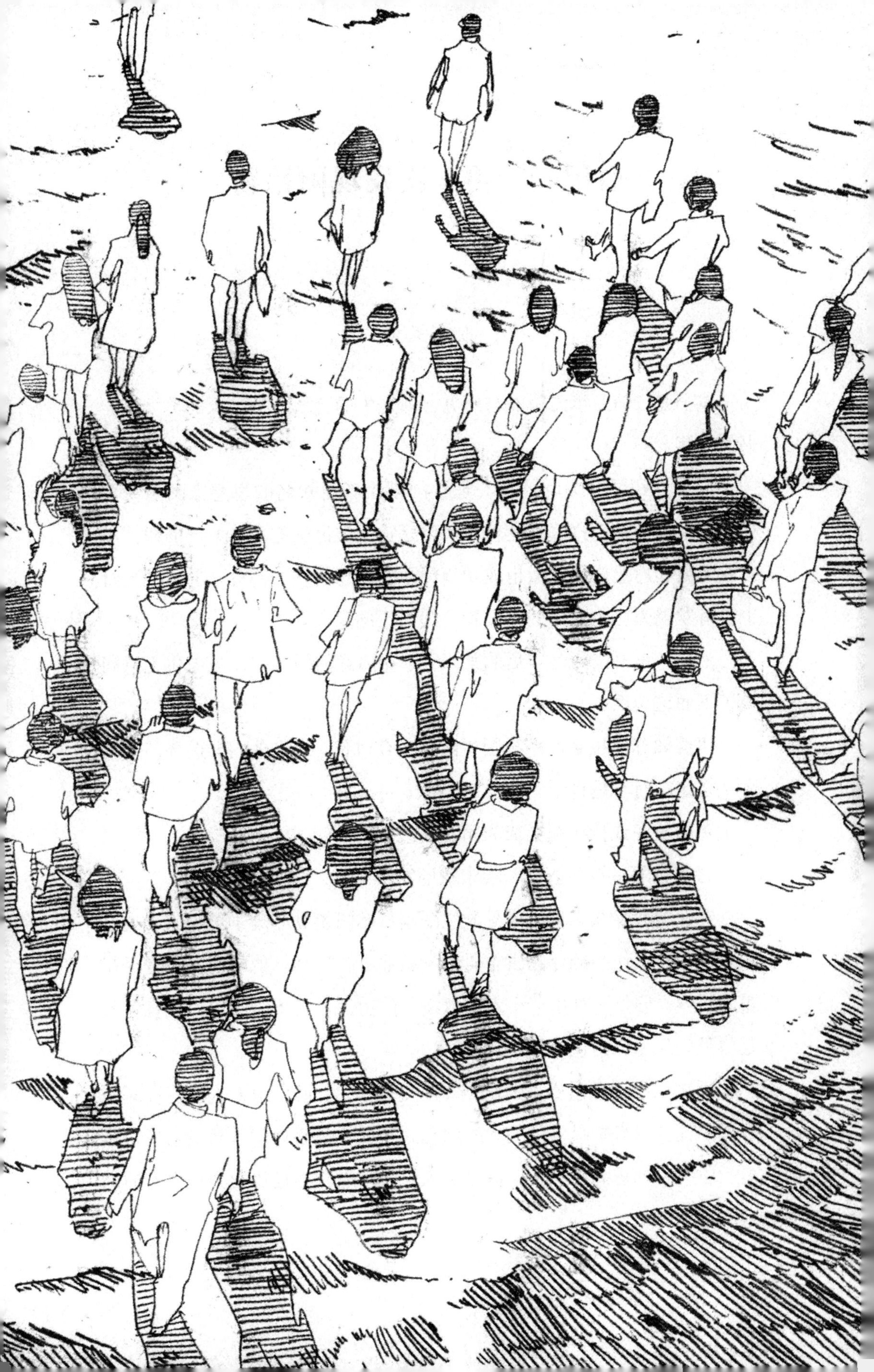

后记一　再一次发现阿德勒

古贺史健

本书是 2013 年出版的与岸见一郎先生的合著《被讨厌的勇气》一书的续篇。

原本介绍了作为阿德勒心理学的创始者而知名的思想家阿尔弗雷德·阿德勒，并未打算写续篇。因为感觉《被讨厌的勇气》一书即便没有将阿德勒思想讲尽，但也成功阐释了其思想的核心部分。并且，当时也没有发现为已经完结的书设置"续篇"的意义。

然后，该书出版一年后的某一天，在随意的闲谈中岸见先生无意间说了下面这句话：

"假如苏格拉底或柏拉图生活在当今时代，也许他们会选择精神科医生之路，而不是哲学。"

苏格拉底或柏拉图会成为精神科医生？

希腊哲学思想会被带入临床现场？

震惊得我良久未语。岸见先生既是日本阿德勒心理学第一人，也是致力于柏拉图作品翻译的古希腊哲学精通者。当然，他的话并不是轻视希腊哲学。假如只列出一个本书《幸福的勇气》诞生的契机，那肯定就是岸见先生无意间说出的这句话。

阿德勒心理学根本不使用难懂的专业术语，而是用人人都能理解的浅显易懂的语言阐释人生的各种问题。与其说是心理学，其实它更是具有哲学特点的思想。恐怕《被讨厌的勇气》也并不是作为心理学方面的

后　记

书，而是作为一种人生哲学而被人接受吧。

但另一方面，这种哲学性的特点是否也反映了其作为心理学的不完善，并意味着其作为科学的缺陷呢？是否正因为如此阿德勒才会成为"被遗忘的巨人"呢？是否正因为它作为心理学不够成熟，所以才没有植根于学院世界呢？抱着这些疑问，我开始进一步接触阿德勒思想。

此时给了我灵感的正是岸见先生前面说的那句话。

阿德勒选择心理学并不是为了分析人的心理。对于因弟弟的去世而立志于医学的他来说，其思想的中心课题常常是"人的幸福是什么？"并且，在阿德勒生活的 20 世纪初期，了解人类、探究幸福本质的最先进手法恰好是心理学。我们不可以仅仅去关注阿德勒心理学这一名称，一味致力于阿德勒与弗洛伊德或者荣格的比较。阿德勒如果生活在古希腊应该会选择哲学，而苏格拉底或柏拉图如果生活在现代也许会选择心理学……岸见先生经常说"阿德勒心理学是与希腊哲学处在同一水平线上的思想"，我感觉终于理解了他这句话的意思。

因此，把阿德勒的系列著作当成"哲学书"又重新读了一遍之后，我再次造访了位于京都的岸见先生的家，并进行了漫长的对话。主题当然是幸福论，也就是阿德勒一直探究的"人的幸福是什么？"

比上一次更加热烈的对话涉及教育论、组织论、工作论、社会论以及人生论，最终，"爱"和"自立"这一重大主题慢慢浮现出来。阿德勒所说的爱以及阿德勒所说的自立，读者朋友们会如何理解呢？如果能够像我这样感受到几乎大大动摇人生的震惊和希望，那我将不胜欢喜。

最后，对作为热爱知识的哲学者常常给予我指导的岸见一郎先生，在漫长的写作过程中提供了大力支持的编辑柿内芳文君和钻石社的今泉宪志君，以及广大的读者朋友们，致以衷心的感谢。

谢谢！

后记二 不要停下脚步，继续前进吧

岸见一郎

先于时代100年的思想家阿尔弗雷德·阿德勒。

自2013年《被讨厌的勇气》日文版出版以来，日本的阿德勒思想的环境发生了重大变化。例如，在演讲或者大学讲堂提到阿德勒的时候，如果是以前，必须从"100年前有一位名叫阿德勒的思想家"开始说起。

但是现在，到全国的任何一个地方都不必再说这样的话。质疑答辩中的提问也都是一些直触本质的尖锐问题。已经不用再说"100年前有一位名叫阿德勒的思想家"，可以强烈感受到阿德勒已经存在于很多朋友心中。

这一点在《被讨厌的勇气》一书打破史上最长纪录，连续51周销量第一、与日本一样销售额达百万册以上的韩国也可以感受到。

在欧美广为人知的阿德勒，其思想于100年之后在亚洲渐渐被接受，这对于长年致力于阿德勒研究的我来说，实在是感慨颇深。

上一部《被讨厌的勇气》对于了解阿德勒心理学、概括阿德勒思想来说，可谓是"地图"一样的作品。是我和合著者古贺史健君一起以"阿德勒心理学入门书"为目标，花费数年时间总结而成的重大地图。

另一方面，《幸福的勇气》是实践阿德勒思想、步入幸福生活的"指南"。也可以说是展示如何向着上部作品中提出的目标前进的行动指南。

很早以来，阿德勒就是容易被误解的思想家。

特别是他的"鼓励"研究，在育儿或学校教育以及企业等的人才培养现场被介绍的时候，往往出于"支配、操纵他人"的意图，远远偏离了阿德勒的本意。甚至可以说滥用阿德勒思想的事例也是不断涌现。

或许这与阿德勒比其他心理学者更加热心"教育"有关。阿德勒立志于通过教育改革而不是政治改革来拯救人类，特别是发动维也纳市在公立学校设立可以说是世界最早的众多儿童咨询处，这是阿德勒的重大功绩。

并且，他还灵活运用儿童咨询处，不仅用于为孩子或父母实施治疗，还把它作为教师或医生以及心理咨询师们的训练场。可以说阿德勒心理学以学校为起点向世界推广。

对阿德勒来说，教育并不在于提高学习成绩或者矫正问题儿童。促进人类进步、改变未来，这才是阿德勒所认为的教育。

阿德勒甚至说："教师塑造孩子们的灵魂，担负着人类的未来。"

那么，阿德勒是仅仅对教职人员寄予期待吗？

不是。他把心理咨询定义为"再教育"，从这一点也可以看出，对阿德勒来说，生活在共同体中的所有人都处在既从事着教育又接受着教育的立场之上。实际上，通过育儿活动邂逅了阿德勒的我也从孩子们那里学到了许多"人格知识"。当然，你也既是一名教育者又是一名学生。

关于自己的心理学，阿德勒说："理解人类并不容易，个体心理学（阿德勒心理学）恐怕是所有心理学中最难学习和实践的。"

如果仅仅靠学习阿德勒，什么都不会发生变化。

如果仅仅是作为知识理解，根本不会进步。

后记二　不要停下脚步，继续前进吧

　　并且，即使鼓起勇气踏出一步，也绝不可以止步不前，必须一直不断地一步一步走下去。这种无尽的积累就是"前进"。

　　看了地图也掌握了指南的你今后要选择什么样的道路呢？或者是，还会继续留在原地吗？如果本书能够帮助你鼓起"幸福的勇气"，那我将不胜欣喜。

作译者介绍

岸见一郎

哲学家。1956年生于京都，现居京都。京都大学研究生院文学研究系博士课程满期退学。与专业哲学（西方古代哲学、特别是柏拉图哲学）一起，1989年起致力于研究阿德勒心理学。日本阿德勒心理学会认定心理咨询师、顾问。在畅销世界各国的阿德勒心理学新古典巨作《被讨厌的勇气》出版后，像阿德勒生前一样，为了让世界更加美好，在国内外针对众多"青年"大力进行演讲和心理咨询活动。译著有阿德勒的《人生意义心理学》《个体心理学讲义》，著作有《阿德勒心理学入门》等。本书由其负责原案。

古贺史健

株式会社顾问代表，作家。1973年生于福冈，以书籍的对话创作（问答体裁的执笔）为专长，出版过许多商务或纪实文学方面的畅销书。2014年获商务书大奖"2014审查员特别奖"，获奖理由是"为商务书作者增光并大大提高了其地位"。上一部作品《被讨厌的勇气》出版后，在阿德勒心理学的理论与实践方面产生很多困惑，于是再次访问了京都的岸见一郎。在长达数十小时的探讨之后，整理出了这部"勇气两部曲"完结篇。独著有《给20岁的自己的文章讲义》等。

渠海霞

女，1981年出生，日语语言文学硕士，现任教于山东省聊城大学外国语学院日语系。曾公开发表学术论文多篇，翻译出版《被讨厌的勇气》《感动顾客的秘密：资生堂之"津田魔法"》《平衡计分卡实战手册》《一句话说服对方》《日产，这样赢得世界》《简明经济学读本》《家庭日记：森友治家的故事》等书。

推荐阅读·心智讲堂

被讨厌的勇气:"自我启发之父"阿德勒的哲学课
[日] 岸见一郎 古贺史健 著
渠海霞 译

套装纪念版全新上市。

所谓的自由,就是被人讨厌。

2017同名日剧热播,日韩销量均破百万,亚马逊年度冠军!

简繁中文版广受好评!蔡康永、曾宝仪、陈文茜、朴信惠、林依晨联袂推荐!

部落动物
关于男人、女人和两性文化的心理学
[美] 罗伊 F. 鲍迈斯特(Roy F. Baumeister)著
刘聪慧 刘 洁 等译

这是我读过的关于两性差异的最高明的书,没有之一。
——马丁·塞利格曼(Martin Seligman),积极心理学创始人,美国心理学会前主席

让女人读懂男人,让男人读懂自己。
揭露文化对男人的"压榨",改变你的两性观。